ISW 9

Berichte aus dem Institut für Steuerungstechnik
der Werkzeugmaschinen und Fertigungseinrichtungen
der Universität Stuttgart

Herausgegeben von Prof. Dr.-Ing. G. Stute

S. Bumiller

Viskohydraulischer Vorschubantrieb

Entwicklung und Erprobung

Springer-Verlag
Berlin · Heidelberg · New York 1974

Mit 66 Abbildungen

ISBN-13: 978-3-540-06885-3   e-ISBN-13: 978-3-642-80862-3
DOI: 10.1007/978-3-642-80862-3

Vorwort des Herausgebers

Das Institut für Steuerungstechnik der Werkzeugmaschinen und Fertigungseinrichtungen der Universität Stuttgart befaßt sich mit den neuen Entwicklungen der Werkzeugmaschine und anderen Fertigungseinrichtungen, die insbesondere durch den erhöhten Anteil der Steuerungstechnik an den Gesamtanlagen gekennzeichnet sind. Dabei stehen die numerisch gesteuerte Werkzeugmaschine in Programmierung, Steuerung, Konstruktion und Arbeitseinsatz sowie die vermehrte Verwendung des Digitalrechners in Konstruktion und Fertigung im Vordergrund des Interesses.

Im Rahmen dieser Buchreihe sollen in zwangloser Folge drei bis fünf Berichte pro Jahr erscheinen, in welchen über einzelne Forschungsarbeiten berichtet wird. Vorzugsweise kommen hierbei Forschungsergebnisse, Dissertationen, Vorlesungsmanuskripte und Seminarausarbeitungen zur Veröffentlichung.

Diese Berichte sollen dem in der Praxis stehenden Ingenieur zur Weiterbildung dienen und helfen, Aufgaben auf diesem Gebiet der Steuerungstechnik zu lösen. Der Studierende kann mit diesen Berichten sein Wissen vertiefen.

Unter dem Gesichtspunkt einer schnellen und kostengünstigen Drucklegung wird auf besondere Ausstattung verzichtet und die Buchreihe im Fotodruck hergestellt.

Der Herausgeber dankt dem Springer-Verlag für Hinweise zur äußeren Gestaltung und Übernahme des Buchvertriebs.

Stuttgart, im Februar 1972

Gottfried Stute

Vorwort

Die vorliegende Arbeit entstand während meiner Tätigkeit als wissenschaftlicher Assistent und wissenschaftlicher Mitarbeiter am Institut für Steuerungstechnik der Werkzeugmaschinen und Fertigungseinrichtungen der Universität Stuttgart.

Herrn Prof. Dr.-Ing. G. Stute, dem Leiter des Institutes, danke ich für seine wohlwollende Unterstützung und sein stetes Interesse, das er dieser Arbeit entgegenbrachte.

Mein Dank gilt auch Herrn Prof. Dr.-Ing. K. Talke für die eingehende Durchsicht der Arbeit und den sich daraus ergebenden Anregungen.

Allen Mitarbeitern des Institutes, die mich bei der Anfertigung dieser Arbeit unterstützten, danke ich ebenfalls. Dieser Dank gilt besonders den Herren Dr.-Ing. A. Storr und Dipl.-Ing. K. Boelke. Danken möchte ich auch den Herren der Werkstatt und des Elektrolabors des Institutes für die Anfertigung des Antriebs bzw. für die Hilfe bei der Durchführung der Messungen.

Siegfried Bumiller

Inhaltsverzeichnis

<u>Schrifttum</u>

[1] Haeder, W.,   Die gesetzlichen Einheiten in der
     Gärtner, E.   Technik.
                        Beuth Vertrieb, Berlin, 1972.

[2] Laass, H.   Scope-Journal-Arbeitshilfe,
                        Gesetzliche Maßeinheiten.
                        Verlag Hoppenstedt & Co., Darmstadt.

[3] Herold, H.-H.,   Die numerische Steuerung in der
     Maßberg, W.,   Fertigungstechnik.
     Stute, G.   VDI Verlag, Düsseldorf, 1971.

[4] Opitz, H.   Moderne Produktionstechnik,
                        Stand und Tendenzen.
                        Verlag W. Giradet, Essen, 1970.

[5] Hill, R.G.   Bessere Gleichstrom-Servoantriebe
                        durch hohes Trägheitsmoment.
                        Vorgetragen beim Kolloquium "Auto-
                        matische Maschinen, Steuerungen
                        und Fabrikation" am 14. bis 16.
                        Februar 1972 in Paris.

[6] Arafa, H.   Entwicklung eines viskohydraulischen
                        Vorschubantriebs.
                        Diss. Universität Stuttgart, 1970.

[7] DIN 1342   Viskosität newtonscher Flüssigkeiten.
                        Ausgabe Dezember 1971.

[8] Schlichting, H.   Grenzschicht-Theorie.
                        Verlag G. Braun, Karlsruhe, 1965.

[9] Hielscher, G.   Präzisions-Kugelführung, Anwendung
                        im Bereich der Wälzlager.
                        Werkstatt und Betrieb 104 (1971)
                        Nr. 11, S. 845...848.

[10]   Technische Unterlagen der Aluminium-
                             zentrale e.V., Düsseldorf:
                             Aluminiummerkblatt B 2, W 2 und W 15,
                             1970.

[11]   Technische Unterlagen der Firma NORSK
                             HYDRO, Oslo:
                             Normag Magnesium, 1966.

[12]   Technische Unterlagen der Badischen
                             Anilin & Soda-Fabrik AG, Ludwigshafen:
                             Technische Information über Glasfaser-
                             verstärkte Ultramid-B-Marken, 1969;
                             Vorläufige Arbeitsanleitung über
                             Luran KR 2517 (Glasfaserverstärktes
                             Styrol-Acrylnitril-Copolymerisat),
                             1969.

[13] DIN 4762, Bl. 1   Erfassung der Gestaltsabweichungen
                             2. bis 5. Ordnung an Oberflächen an
                             Hand von Oberflächenschnitten; Be-
                             griffe für Bezugssystem und Maße.
                             Ausgabe August 1960.

[14]   Technische Unterlagen der Wacker
                             Chemie GmbH, München:
                             Siliconöle AK, 1968;
                             Phenylmethyl-Siliconöle, 1971.

[15]   Technische Unterlagen der Farben-
                             fabriken Bayer AG, Leverkusen:
                             Baysilon-Öle M, 1970;
                             Baysilon-Öle P, 1972;
                             Bayer Silicone, 1970.

[16] DIN 51 563   Bestimmung des Viskositäts-Tempera-
                             tur-Verhaltens, Richtungskonstante m.
                             Ausgabe September 1971.

[17] DIN 51 564   Berechnung des Viskositätsindex aus
                        der kinematischen Viskosität.
                        Ausgabe Januar 1972.

[18]   Technische Unterlagen der Esso AG:
                        Hochwertige Dampfzylinderöle, 1970.

[19]   Technische Unterlagen der Brenntag
                        Mineralöl GmbH + Co., Mülheim (Ruhr):
                        Ucon flüssige Medien und Schmier-
                        mittel, 1966.

[20]   Nicht veröffentlichte Untersuchungen
                        der Daimler-Benz AG, Stuttgart-Unter-
                        türkheim, 1973.

[21] Beuerlein, P.   Schmierstoffe und Schmiertechnik.
                        Sonderdruck (überarbeitet) aus
                        Kröners Taschenbuch der Maschinen-
                        technik, Herausgeber Shell Tech-
                        nischer Dienst, 1969.

[22] Hayward, A.T.J.   Air bubbles in oil, their effect on
                        viscosity and compressibility.
                        Fluid Handling, H. 12, 1961.

[23] Blume, K.   Luft im Hydrauliksystem.
                        Ölhydraulik und Pneumatik 16 (1972)
                        Nr. 9, S. 389...392.

[24]   Die Löslichkeit von Gasen in Mineral-
                        ölen.
                        Skizzenblätter des Shell Technischen
                        Dienstes, Nr. 111/4.

[25] Acél, S.   Statisches und dynamisches Verhalten
                        von ölhydraulischen Steuerungs- und
                        Regelungselementen.
                        Technische Rundschau, H. 59, 1963.

[26] Frössel, W.　　　　　Beobachtungen über Luftausscheidung
　　　　　　　　　　　　im Öl und Wasser.
　　　　　　　　　　　　Öl und Kohle 39 (1943)　Nr. 9,
　　　　　　　　　　　　S. 257...259.

[27] Schmid, M.　　　　　Beitrag zur Messung der ungelösten
　　　　　　　　　　　　Luftmenge in Hydrauliköl.
　　　　　　　　　　　　Diss. TH Stuttgart, 1967.

[28] Backé, W.,　　　　　Über Kavitationserscheinungen in
　　　 Benning, P.　　　　Querschnittsverengungen von ölhydrau-
　　　　　　　　　　　　lischen Systemen.
　　　　　　　　　　　　Ind.-Anz. 84 (1962)　Nr. 63,
　　　　　　　　　　　　S. 269...276.

[29] DIN 51 381　　　　　Bestimmung des Luftabscheidevermögens,
　　　　　　　　　　　　Impinger-Verfahren.
　　　　　　　　　　　　Ausgabe August 1971.

[30] Claxton, P.D.　　　　Aeration of petroleum based steam
　　　　　　　　　　　　turbine oils.
　　　　　　　　　　　　Tribology, February 1972, pp. 8...13.

[31]　　　　　　　　　　Die Schmierung von Industriegetrieben.
　　　　　　　　　　　　Herausgegeben vom Shell Technischen
　　　　　　　　　　　　Dienst, 1964.

[32]　　　　　　　　　　Technische Mitteilungen der Rudolf
　　　　　　　　　　　　Fuchs Mineralölwerk KG, Mannheim:
　　　　　　　　　　　　Renolin MR M 1/5, 1972.

[33] Chaimowitsch, E.M. Ölhydraulik.
　　　　　　　　　　　　VEB Verlag Technik, Berlin, 1965.

[34] Hahmann, W.　　　　　Grundlagen für ölhydraulische Antrie-
　　　　　　　　　　　　be und Steuerungen.
　　　　　　　　　　　　VDI-Bildungswerk, Beitrag BW 1482.

[35] Lewis, E.E.,
Stern, H.

Design of Hydraulic Control Systems.
McGraw-Hill Book Company, Inc., New York, Toronto, London, 1962.

[36] Morse, A.C.

Electrohydraulic Servomechanisms.
McGraw-Hill Book Company, Inc., New York, San Francisco, Toronto, London, Sydney, 1963.

[37] Merrit, H.E.

Hydraulic Control Systems.
John Wiley & Sons, Inc., New York, London, Sydney, 1967.

[38] Himmler, C.R.

Elektrohydraulische Steuersysteme.
Krausskopf-Verlag, Mainz, 1967.

[39] Esch, H.

Elektrohydraulische Servoventile.
Steuerungstechnik 3 (1970),
ST-Lehrblätter STL 70.8...70.12.

[40]

Technische Unterlagen der Robert Bosch GmbH, Stuttgart:
Elektrohydraulisches Servoventil, 1972.

[41] Guillon, M.

Hydraulische Regelkreise und Servosteuerungen.
Carl Hanser Verlag, München, 1968.

[42] Sopha, K.

Steuern mit elektrohydraulischen Servoventilen.
Teil I : Steuerungstechnik 5 (1972) Nr. 11/12, S. 254...257.
Teil II: Steuerungstechnik 6 (1973) Nr. 1, S. 4...7.

[43] Blackburn, J.F.,
Reethof, G.,
Shearer, J.L.

Fluid Power Control.
1. bis 3. Band.
Krausskopf-Verlag, Wiesbaden, 1962.

[44] Storr, A.

Beitrag zur Klärung des dynamischen
Verhaltens vorgesteuerter, ölhydrau-
lischer Druckregelventile.
Diss. TH Stuttgart, 1967.

[45]

Mitzieheffekt schont Medium.
Maschinenmarkt Industriejournal 77
(1971) Nr. 44, S. 975.

[46] Cady, W.G.

Piezoelectricity.
Volume one and two.
Dover Publications, Inc., New York,
1964.

[47] Shields, J.P.

Basic Piezoelectricity.
Foulsham & Co., LTD.,
Slough, Bucks, England, 1967.

[48]

Piezoxide Wandler.
Valvo, 1968.

[49]

Piezoxide.
Valvo-Handbuch, 1971.

[50] Hamerak, K.

Die Piezoelektrizität und ihre tech-
nische Anwendung.
Teil I : Konstruktion, Elemente,
         Methoden (KEM) 1971 Nr. 5,
         S. 109...110.
Teil II: KEM 1971 Nr. 6, S. 82...86.

[51] Lange, H.,
     Jaensch, P.

Die Magnetostriktion in Abhängigkeit
von der Magnetisierung.
Forschungsbericht des Landes Nord-
rhein-Westfalen Nr. 1293, West-
deutscher Verlag, Köln, Opladen,
1964.

- 13 -

[52] Heck, K.   Magnetische Werkstoffe und ihre technische Anwendung.
Dr. A. Hüthig Verlag, Heidelberg, 1967.

[53]   Ferromagnetic Resonance.
(Übersetzung aus dem Russischen);
Pergamon Press, Oxford, London, Edinburgh, New York, Toronto, Paris, Frankfurt, 1966.

[54]   Technische Unterlagen der MOOG GmbH, Böblingen:
Durchfluß-Servoventile Baureihe 76, Druck-Servoventile Baureihe 61.

[55] Lück, J.   Einflußgrößen auf das Zeitverhalten elektrohydraulischer Vorschubantriebe.
Diss. TH Aachen, 1968.

[56] Beckenbauer, K.   Elektro-hydraulischer Absoluterreger.
Ind.-Anz. 94 (1972) Nr. 59, S. 1457...1460.

[57] Augsten, G.   Untersuchung einer stetigen zweiachsigen Nachformeinrichtung.
Diss. Universität Stuttgart, 1972.

[58] Oppelt, W.   Kleines Handbuch technischer Regelvorgänge.
Verlag Chemie GmbH, Weinheim/Bergstr., 1964.

[59] Augsten, G., Boelke, K., Schmid, D., Stute, G.   Die Lageregelung an Werkzeugmaschinen.
Seminarumdruck des Institutes für Steuerungstechnik der Werkzeugmaschinen und Fertigungseinrichtungen, Universität Stuttgart, 1973.

[60] Stute, G.   Untersuchungen über die Verwendbarkeit von Gleichstrommaschinen als Vorschubantriebe für numerisch gesteuerte Werkzeugmaschinen. VDW-Forschungsbericht Nr. 1003, Heft 1, Januar 1971.

[61] Augsten, G.,   Gesichtspunkte zur Auslegung ölhy-
     Bumiller, S.   draulischer Vorschubantriebe. Steuerungstechnik 1 (1968) Nr. 3, S. 102...107.

[62] Schmid, D.   Optimierung eines Geschwindigkeits-regelkreises mit Hydraulikmotor. Ind.-Anz. 92 (1970) Nr. 98, S. 2379...2380.

[63]   Nicht veröffentlichte Studien- und Diplomarbeiten der Herren Chimonakis, Grettenberger, Grimm, Hemminger, Heydt, Illig und Sopha, angefertigt am Institut für Steuerungstechnik der Werkzeugmaschinen und Fertigungs-einrichtungen, Universität Stuttgart.

Formelzeichen und Einheiten

Die verwendeten Bezeichnungen und Formelzeichen orientieren sich an folgenden Vorschriften und Empfehlungen:

DIN 1302	Mathematische Zeichen
DIN 1304	Allgemeine Formelzeichen
DIN 1311	Schwingungslehre, Benennungen
DIN 1345	Technische Thermodynamik, Formelzeichen, Einheiten
DIN 19 226	Regelungstechnik und Steuerungstechnik, Begriffe und Benennungen

Als Einheiten werden die nach dem "Gesetz über die Einheiten im Meßwesen" ab 1.1.1978 nur noch zugelassenen SI-Einheiten verwendet [1, 2]. Bei einigen, gegenwärtig noch ungewohnten Einheiten sind Umrechnungen angegeben.

a	m/s^2	Beschleunigung
b	m	Breite, Eintauchtiefe, Spaltbreite
b_D	m	Dichtstegbreite
b_{max}	m	Maximale Eintauchtiefe
b_{min}	m	Minimale Eintauchtiefe
b_0	m	Maximale Eintauchtiefe für den Idealfall $b_0 = b_S$
b_S	m	Einstichtiefe
b_T	m	Drucktaschenbreite
b_Z	m	Spaltbreite der Läuferausfräsung
C	J/K	Wärmekapazität (1 J/K = 0,239 cal/grd)
C_k	F	Elektrische Kapazität
C_G	$V\,s$	Generatorkonstante
c	$J/kg\,K$	Spezifische Wärmekapazität (spez. Wärme) (1 J/kg K = 0,239 cal/kg grd)

c_F	N/m	Federrate (Federkonstante) der Rückführfedern
c_H	N/m	Federrate (Federkonstante) des Hebelsystems
$c_{Öl}$	N/m	Federrate (Federkonstante) einer Ölsäule
D	-	Dämpfungsgrad
D_v	s^{-1}	Geschwindigkeitsgefälle, Geschwindigkeitsgradient
d	m	Durchmesser
d_a	m	Außendurchmesser
d_i	m	Innendurchmesser
d_j	m	Durchmesser eines zylindermantelförmigen Ölfilms
d_K	m	Kolbendurchmesser
d_m	m	Mittlerer Durchmesser
d_{mk}	m	Mittlerer Durchmesser eines Mitnehmerzylinders
d_R	kg/s	Dämpfungskonstante
e	m	Exzentrizität
$\underline{F}$		Frequenzgang
F	N	Kraft $(1\ N = 1\ kg\ m/s^2 = 0,102\ kp)$
F_A	N	Anpreßkraft
F_D	N	Druckkraft
F_F	N	Federkraft
F_K	N	Kolbenkraft
F_R	N	Reibungskraft
F_{Sp}	N	Spaltreibungskraft
F_T	N	Massenträgheitskraft
f	Hz	Frequenz
f_d	Hz	Eigenfrequenz des gedämpften Schwingers

f_h	Hz	Hydraulische Eigenfrequenz
f_0	Hz	Kennfrequenz, Eigenfrequenz des ungedämpften Schwingers
$f_{0\,K}$	Hz	Kennfrequenz des Kupplungsantriebs
h	m	Spalthöhe
h_D	m	Dichtspalthöhe
h_M	m	Minimale Zylinderstärke
h_0	m	Minimale Spalthöhe
h_T	m	Drucktaschenhöhe
h_Z	m	Spalthöhe der Läuferausfräsung
I	A	Elektrischer Strom
I_{AL}	A	Leerlauf-Ankerstrom des Motors bzw. des Generators
I_G	A	Generatorstrom
i	-	Anzahl
i	A	Elektrischer Strom
J	kg m^2	Massenträgheitsmoment
J_L	kg m^2	Massenträgheitsmoment des Läufers und der Läuferwelle
j	-	Variable
K_v	s^{-1}	Geschwindigkeitsverstärkung
k	-	Variable
L	Vol.-%	Gehalt an dispergierter Luft
l	m	Länge
l_D	m	Quersteglänge
l_N	m	Nutlänge
l_T	m	Drucktaschenlänge
M	N m	Drehmoment
M_1, M_2	N m	Drehmoment der Mitnehmer 1 und 2

M_0	N m	Stillstandsdrehmoment bei maximaler Aus-lenkung (Aussteuerung)
M_R	N m	Reibmoment des Generators
M_{St}	N m	Stillstandsdrehmoment bei beliebiger Aus-lenkung
M_{th}	N m	Theoretisches Stillstandsdrehmoment bei newtonscher Flüssigkeit und maximaler Auslenkung
m	kg	Masse
$\dot{m}$	kg/s	Massenstrom
N	–	Anzahl der Ölfilme je Mitnehmer
n	min^{-1}	Drehzahl
n_A	min^{-1}	Mitnehmerdrehzahl
n_L	min^{-1}	Läuferdrehzahl
$\underline{n}_L$	min^{-1}	Komplexe Läuferdrehzahl
n_L^*	V	Spannung proportional zur Läuferdrehzahl
n_1	min^{-1}	Läuferdrehzahl im Leerlauf bei beliebiger Auslenkung
n_0	min^{-1}	Läuferdrehzahl im Leerlauf bei maximaler Auslenkung
n_s	min^{-1}	Sollwert der Drehzahl
n_s^*	V	Spannung proportional zum Sollwert der Drehzahl
P_L	W	Abtriebsleistung an der Läuferwelle
P_M	W	Antriebsleistung der beiden Mitnehmer
P_{St}	W	Antriebsleistung der Steuerkreispumpe
p	Pa	Druck (1 Pa = 1 N/m^2 = 10^{-5} bar; 1 bar = 1,02 kp/cm^2)
p_L	Pa	Lastdruck
p_0	Pa	Systemdruck, Öldruck bei gesperrtem Abfluß

p_{St}	Pa	Druck der Steuerkreispumpe
Δp	Pa	Druckabfall
Δp_R	Pa	Druckabfall bei laminarer Rohrströmung
Δp_{Sp}	Pa	Druckabfall bei laminarer Spaltströmung
Q	J	Wärmemenge ($1\ J = 1\ N\ m = 1\ W\ s = 0,239\ cal$)
R	Ω	Elektrischer Widerstand
R_e	Ω	Eingangswiderstand
R_i	Ω	Innenwiderstand des Gleichstromgenerators
R_k	Ω	Gegenkoppelwiderstand
Re	-	Reynolds'sche Zahl
r	m	Radius
Δr	m	Radialer Abstand benachbarter Einstiche
S	m^2	Querschnitt, Fläche
S_K	m^2	Kolbenquerschnitt
S_Z	m^2	Querschnitt einer Läuferausfräsung
s	N m min	Drehzahlsteifigkeit
s_0	N m min	Maximale Drehzahlsteifigkeit bei M_0 und n_A
T	s	Zeitkonstante
t	s	Zeit
t	$^\circ C$ ($^\circ F$)	Temperatur
Δt	K	Temperaturdifferenz
U	V	Elektrische Spannung
U_e	V	Induzierte elektrische Spannung
U_0	V	Maximale elektrische Spannung
V	m^3	Volumen
$V_{Öl}$	m^3	(Eingeschlossenes) Ölvolumen
$\dot{V}$	m^3/s	Volumenstrom ($1\ m^3/s = 6\cdot10^4\ 1/min$)
$\dot{V}_K$	m^3/s	Volumenstrom der Kupplungskreispumpe
$\dot{V}_{Kü}$	m^3/s	Volumenstrom der Kühlkreispumpe

$\dot{V}_L$	m^3/s	Lastvolumenstrom
$\dot{V}_0$	m^3/s	Druckloser Volumenstrom
$\dot{V}_{St}$	m^3/s	Volumenstrom der Steuerkreispumpe
$\dot{V}_Z$	m^3/s	Ausgleichsvolumenstrom im Läufer je Mit-nehmerzylinder
v	m/s	Geschwindigkeit
v_K	m/s	Kolbengeschwindigkeit
v_M	m/s	Mitnehmer-Auslenkgeschwindigkeit
v_m	m/s	Mittlere Strömungsgeschwindigkeit
v_Z	m/s	Strömungsgeschwindigkeit in der Läufer-ausfräsung
x	m	Auslenkung der Mitnehmer bzw. des Läufers
x_i	m	Istwert der Auslenkung
$\underline{x}_i$	m	Komplexer Istwert der Auslenkung
x_i^*	V	Spannung proportional zum Istwert der Auslenkung
x_K	m	Auslenkung des Kolbenantriebs
x_0	m	Auslenkamplitude
x_s	m	Sollwert der Auslenkung
$\underline{x}_s$	m	Komplexer Sollwert der Auslenkung
x_s^*	V	Spannung proportional zum Sollwert der Auslenkung
y	m	Prallplattenabstand von der Drossel
y_0	m	Prallplattenabstand in der Mittellage
α	$m/m\ K$	Längen-Ausdehnungskoeffizient
$\beta_{\ddot{O}l}$	m^2/N	Kompressionszahl von Öl
ε	–	relative Exzentrizität

η_P	-	Pumpenwirkungsgrad
η	Pa s	Dynamische Viskosität (1 Pa s = 1 N s/m^2 = 1 kg/m s = 10 P = 1000 cP)
η_m	Pa s	Mittlere dynamische Viskosität
λ	W/m K	Wärmeleitfähigkeit (1 W/m K = 1 J/m s K = 0,239 cal/m s grd = 0,860 kcal/m h grd)
ν	m^2/s	Kinematische Viskosität (1 m^2/s = 10^4 St = 10^6 cSt)
ρ	kg/m^3	Dichte
σ_B	Pa	Zugfestigkeit (1 Pa = 1 N/m^2 = 0,102$\cdot$10^{-6} kp/mm^2)
τ	Pa	Schubspannung
Φ	W	Wärmestrom (1 W = 1 J/s = 0,239 cal/s = 0,860 kcal/h)
ω	s^{-1}	Kreisfrequenz
ω_A	rad/s	Mitnehmerwinkelgeschwindigkeit
ω_L	rad/s	Läuferwinkelgeschwindigkeit
ω_1	rad/s	Läuferwinkelgeschwindigkeit im Leerlauf bei beliebiger Auslenkung
ω_0	rad/s	Läuferwinkelgeschwindigkeit im Leerlauf bei maximaler Auslenkung
ω_S	rad/s	Schlupfwinkelgeschwindigkeit

1. Einleitung

Numerisch gesteuerte Werkzeugmaschinen gestatten eine wirtschaftliche und flexible Fertigung von Werkstücken in Kleinserien und als Einzelstücke. Sie werden in zunehmendem Maße eingesetzt, insbesondere mit Bahnsteuerungen. Aus der in der Regel verlangten hohen Fertigungsgenauigkeit dieser Maschinen ergeben sich hohe Anforderungen an das statische und dynamische Verhalten ihrer Vorschubantriebe. Als Antriebe kommen nach [3, 4] in Betracht: Hydromotoren mit Servoventil und Gleichstrom-Nebenschlußmotoren, die in einem geschlossenen Lageregelkreis betrieben werden oder in geringem Umfang auch elektrohydraulische Schrittmotoren in der offenen Steuerkette; Kolbenantriebe (mit Servoventil) sind bei bahngesteuerten Maschinen meist auf Schlitten bzw. Tische mit kleinen Verfahrwegen beschränkt.

In den letzten Jahren konnte ein ständiges Vordringen der Gleichstromantriebe beobachtet werden, insbesondere nachdem es durch neuartige Entwicklungen der Antriebsverstärker sowie der sogenannten Torque- oder Langsamläufermotoren möglich wurde, die Vorschubspindeln (Kugelrollspindeln) - wie bei den Hydromotoren - direkt, also ohne Vorschubgetriebe, anzutreiben.

Diese letztgenannten Antriebe weisen jedoch, wie auch die Hydromotoren, einige erhebliche Nachteile auf. Das relativ große Massenträgheitsmoment der Rotoren verschlechtert die mechanische Zeitkonstante dieser Antriebe. In [5] wird dieses große Massenträgheitsmoment zwar als Vorteil herausgestellt, der Reaktionsschnelligkeit ist es jedoch keineswegs förderlich. Infolge der Erwärmung kann das maximale Stillstandsdrehmoment bei Gleichstrommotoren nur kurzfristig abverlangt werden und für den Dauerbetrieb ist nur ein Teil des statischen Drehmoment-Drehzahl-Kennlinienfeldes zugelassen. Hinzu kommen noch die recht aufwendigen Antriebsverstärker.

Aufgrund dieser Tatsachen wurde von ARAFA die Entwicklung
des viskohydraulischen Antriebs eingeleitet, bei dem die Kraft-
bzw. Drehmomentübertragung mittels dünner Ölfilme erfolgt.
In [6] wurden hierfür grundlegende Untersuchungen an einzelnen
Bauelementen, wie z.B. der viskohydraulischen Kupplung sowie
den viskohydraulischen Pumpen, durchgeführt. Dabei konnte gezeigt werden, daß es mittels dickflüssiger Öle möglich ist,
einen Vorschubantrieb zu konzipieren.

In diesen ersten Untersuchungen wurden einige wesentliche
Probleme, wie die Notwendigkeit der Reduzierung des Wärmestromes und die wirtschaftliche Fertigung der Kupplungsele-
mente nicht betrachtet. Außerdem waren die Untersuchungen
zur Auswahl eines geeigneten Öles sowie des Werkstoffes für
den Kupplungsantrieb nicht abgeschlossen. Im besonderen aber
war die Entwicklung und Dimensionierung des Steuersystems als
wesentliche Komponente des Gesamtantriebs sowie dessen Erprobung nur als weitere Aufgaben angedeutet. Diese Probleme
werden in der vorliegenden Arbeit behandelt.

Ziel dieser Untersuchungen ist es, aufbauend auf dem viskohydraulischen Prinzip, einen Vorschubantrieb - der aus zwei
antiparallel geschalteten viskohydraulischen Kupplungen und
einem Steuersystem besteht - mit statischen und dynamischen
Eigenschaften zu erstellen, die denen der bekannten Vorschubantriebe vergleichbar sind oder sie übertreffen. Ferner sollen
Dimensionierungsrichtlinien aufgestellt sowie Vorschläge für
die industrielle Ausführung des viskohydraulischen Antriebs
gemacht werden.

2. Grundlagen des viskohydraulischen Kupplungsantriebs

2.1. Viskohydraulische Kupplung

Der viskohydraulische Vorschubantrieb besteht aus dem viskohydraulischen Kupplungsantrieb und dem Steuersystem, das
diesen Kupplungsantrieb auslenkt. Der Kupplungsantrieb wieder-
um enthält zwei viskohydraulische Kupplungen. Bild 2/1 zeigt
den prinzipiellen Aufbau einer solchen Kupplung. Sie besteht
aus einem mit konstanter Drehzahl n_A angetriebenem Mitnehmer
und einem axial verschiebbaren Läufer. Die Drehmomentübertragung erfolgt durch dünne Ölfilme zwischen den Zylindern
des Mitnehmers und des Läufers.

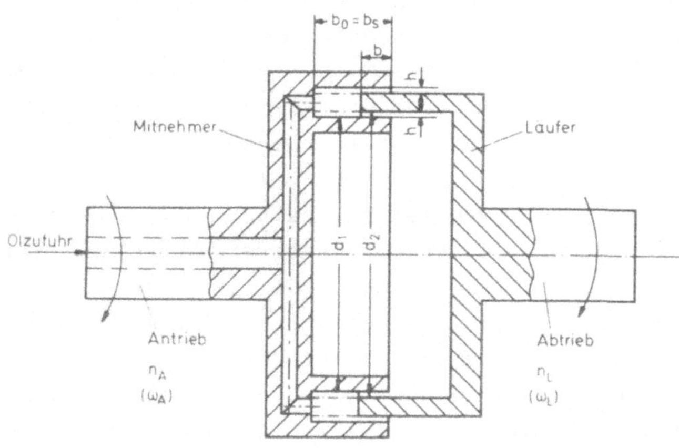

Bild 2/1: Aufbau einer viskohydraulischen Kupplung

2.1.1. Drehmomentübertragung

Für die Schubspannung τ zwischen zwei mit der Geschwindigkeit v parallel gegeneinander bewegten Flüssigkeitsschichten
gilt nach dem Newton'schen Ansatz bei einer Spalthöhe h:

$$\tau = \eta \frac{\partial v}{\partial h} \qquad\qquad (2-1)$$

Bei idealen (newtonschen) Flüssigkeiten ist die Schubspannung proportional zum Geschwindigkeitsgefälle $D_v = \partial v/\partial h$ senkrecht zur Strömungsrichtung [7]. Die Proportionalitätskonstante η heißt dynamische Viskosität. Der Quotient $\eta/\rho = \nu$ wird kinematische Viskosität genannt.

Der Newton'sche Ansatz läßt sich auch auf besonders einfache nichtebene Strömungsvorgänge übertragen [7]. Da bei der Kupplung die Spalte zwischen den Zylinderflächen klein sind und deshalb $d_1 \approx d_2 \approx d$ ist, erhält man für das übertragbare Drehmoment M pro Ölfilm bei einer von der Scherung beanspruchten Fläche S:

$$M = \frac{1}{2}\, d\, \tau\, S \qquad\qquad (2-2)$$

Bei einer Schlupf-Winkelgeschwindigkeit $\omega_S = \omega_A - \omega_L$ wird:

$$M = \frac{\pi}{4}\, \eta\, \frac{b}{h}\, \omega_S\, d^3 \qquad\qquad (2-3)$$

Dieses pro Ölfilm übertragbare Drehmoment läßt sich auch mit den Navier-Stokes'schen Gleichungen berechnen. Im Falle der reinen Schichtenströmung erhält man bei zwei konzentrischen Zylinderflächen mit den Radien r_1 und r_2 sowie der Schlupf-winkelgeschwindigkeit ω_S nach [6, S. 29] und [8]:

$$M = 4\,\pi\,\eta\, b\, \omega_S\, \frac{r_1^{\,2}\, r_2^{\,2}}{r_2^{\,2} - r_1^{\,2}} \qquad\qquad (2-4)$$

Für die kleinen Spalte der Kupplung gilt $r_2 - r_1 = h$ und $r_1 \approx r_2 \approx r = d/2$. Mit diesen Beziehungen kann Gl. (2-4) in

Gl. (2-3) überführt werden.

Bei einer Mehrzylinderkupplung mit N Ölfilmen gilt:

$$M = \frac{\pi}{4}\, \eta\, \frac{b}{h}\, \omega_S \sum_{j=1}^{N} d_j^{3} \qquad (2-5)$$

Dieses Moment ist in dem interessierenden Bereich nahezu unabhängig von einer Exzentrizität zwischen Läufer und Mitnehmer. In [6, S. 29 ff.] wurde gezeigt, daß selbst bei einer
relativen Exzentrizität $\varepsilon = e/h = 0,4$ das Drehmoment nur um
10 % zunimmt.

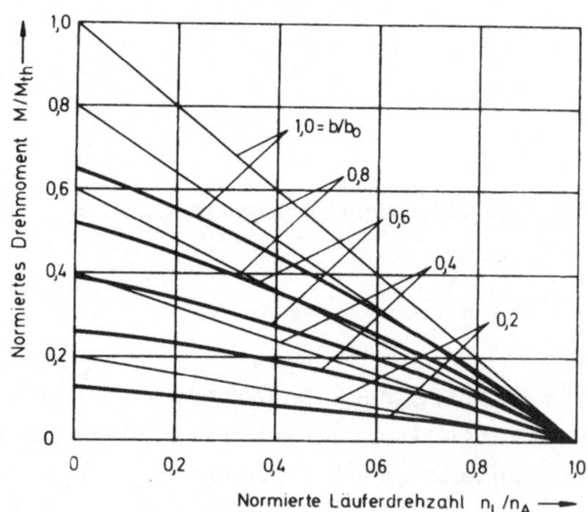

Bild 2/2: Drehmoment-Drehzahl-Kennlinien einer viskohydraulischen Kupplung, nach [6]

Die Drehmoment-Drehzahl-Kennlinien der von ARAFA entwickelten
viskohydraulischen Kupplung zeigt Bild 2/2. Die geraden Kennlinien geben das ideale und die gekrümmten Kennlinien
das gemessene, reale Kennlinienfeld wieder. Das ideale

Kennlinienfeld erhält man bei konstanter dynamischer Viskosität η . Die wirksame dynamische Viskosität des Öles ist jedoch abhängig von der Temperatur, der Scherstabilität, dem Geschwindigkeitsgefälle in den Zylinderspalten sowie von möglicherweise ausgeschiedenen Luftbläschen. Der Auswahl des Öles kommt daher besondere Bedeutung zu (Kap. 3.4.).

2.2. Umsteuerbarer viskohydraulischer Kupplungsantrieb

Durch die Kombination von zwei viskohydraulischen Kupplungen kann ein in der Drehrichtung umsteuerbarer Kupplungsantrieb gebaut werden [6, S. 76 ff.]. Er besteht aus einem Läufer und zwei gegensinnig mit konstanter Drehzahl laufenden Mitnehmern (Antiparallelschaltung), die beispielsweise von einem Drehstrommotor angetrieben werden. Zur Drehmoment-/Drehzahlsteuerung wird der Läufer gegenüber den beiden Mitnehmern oder umgekehrt die beiden Mitnehmer gegenüber dem Läufer axial verschoben. Für den viskohydraulischen Versuchsantrieb wurde die letztere Möglichkeit gewählt (Kap. 3.1.).

In Bild 2/3 ist eine Möglichkeit der Zuordnung von Läufer und Mitnehmern dargestellt, bei der für x = 0 keiner der beiden Mitnehmer in den Läufer eintaucht. Wie die Drehmoment-Drehzahl-Kennlinien, Bild 2/4, zeigen, ist bei diesem Antrieb (mit $x_0 = b_0$) - im Gegensatz zum Gleichstrom-Nebenschlußmotor - keine Einstellung der Leerlaufdrehzahl möglich, da bei der Entlastung die Läuferdrehzahl n_L immer gleich der Drehzahl $+n_A$ oder $-n_A$ des eintauchenden Mitnehmers wird, unabhängig von der axialen Aussteuerung der Mitnehmer. Ferner ändert sich die statische Drehzahlsteifigkeit $\Delta M/\Delta n$ zwischen Null und ihrem Maximalwert in Abhängigkeit vom Betriebspunkt. In dieser Konzeption ist der viskohydraulische Antrieb deshalb als Vorschubantrieb für Werkzeugmaschinen nicht geeignet. Hinzu kommen Schwierigkeiten bei der Ölzufuhr, wenn ein Mitnehmer ganz aus dem Läufer austaucht (Kap. 3.1. und [6, S. 89 ff.]).

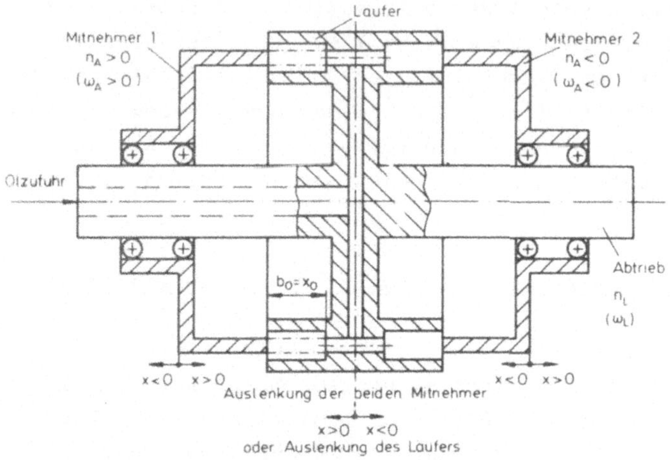

Bild 2/3: Umsteuerbarer viskohydraulischer Kupplungsantrieb

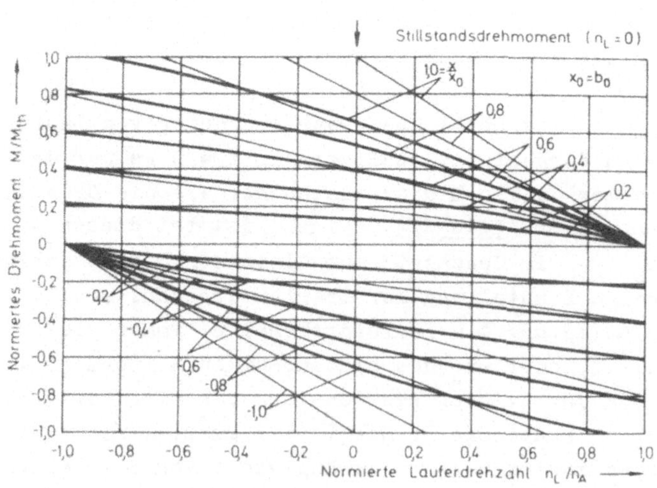

Bild 2/4: Drehmoment-Drehzahl-Kennlinien des umsteuerbaren
viskohydraulischen Kupplungsantriebs nach
Bild 2/3

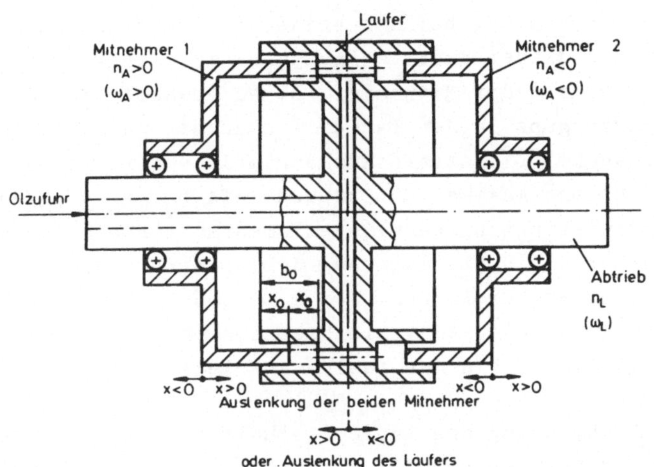

Bild 2/5: Umsteuerbarer viskohydraulischer Kupplungsantrieb mit eingespanntem Läufer

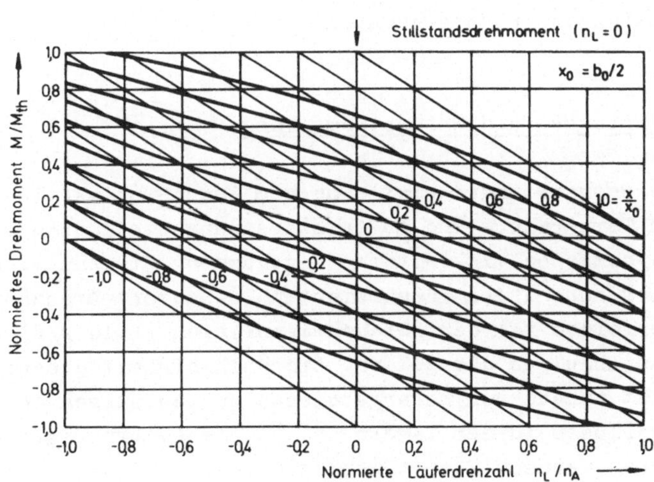

Bild 2/6: Drehmoment-Drehzahl-Kennlinien des umsteuerbaren viskohydraulischen Kupplungsantriebs mit eingespanntem Läufer nach Bild 2/5

Eine andere Zuordnung, bei der beide Mitnehmer in den Läufer
eintauchen und dieser damit eingespannt ist, zeigt <u>Bild 2/5</u>.
Der axiale Abstand der Mitnehmer ist so gewählt, daß der
eine Mitnehmer ganz in den Läufer eintaucht, wenn der andere
gerade austaucht. Die axiale Auslenkamplitude x_0 ist also
gleich der halben maximalen Eintauchtiefe b_0 ($x_0 = b_0/2$).
Die Drehmoment-Drehzahl-Kennlinien dieses Antriebs (<u>Bild 2/6</u>)
erhält man durch die Überlagerung der entsprechenden Kennlinien der beiden Kupplungen. Für η = const. gilt das dünngezeichnete Kennlinienfeld. Die dickgezeichneten Kurven
sind das Kennlinienfeld des realen Antriebs.

Durch die Einspannung des Läufers erhält man für den viskohydraulischen Antrieb ein dem Gleichstrom-Nebenschlußmotor
ähnliches Drehmoment-Drehzahl-Kennlinienfeld. Wie bei allen
Schlupfkupplungen entsteht jedoch durch diese Einspannung
Wärme. Die Größe dieser pro Zeiteinheit anfallenden Wärmemenge (Wärmestrom) und die Möglichkeiten einer Verringerung
werden im folgenden untersucht.

2.2.1. <u>Leistungs- und Wärmestrombilanz</u>

Für diese Betrachtungen wird eine vom Geschwindigkeitsgefälle
sowie von Temperatur- und Luftausscheidungseinflüssen unab-
hängige dynamische Viskosität η angenommen. Die Zusammenhänge
lassen sich anhand des idealisierten Drehmoment-Drehzahl-
Kennlinienfeldes mit den geraden Kennlinien (Bild 2/6) besonders anschaulich darstellen. Die Zulässigkeit dieser
Annahme ist anhand von Meßergebnissen zu bestätigen. Auch
Reibungsverluste in den Lagern und Getriebewirkungsgrade
sollen dabei vernachlässigt werden.

Zur Bestimmung des bei verschiedenen Betriebszuständen anfallenden Wärmestromes, der durch die Einspannung des Läufers
bedingt ist, wird für den viskohydraulischen Antrieb eine
Leistungsbilanz aufgestellt. Der einfacheren Betrachtung

wegen, wird diese für den ersten Quadranten durchgeführt. In
den Gleichungen wird dabei mit den Beträgen der Drehmomente,
Winkelgeschwindigkeiten und Auslenkungen gerechnet.

Übertragen die beiden Mitnehmer die Drehmomente M_1 und M_2 auf
den Läufer, so muß dem Antrieb eine Leistung zugeführt werden:

$$P_M = \omega_A \left(M_1 + M_2 \right) \tag{2-6}$$

Die Abtriebsleistung an der Läuferwelle ist dabei:

$$P_L = \omega_L \left(M_1 - M_2 \right) \tag{2-7}$$

Die Differenz dieser beiden Leistungen ergibt den Wärmestrom,
der vom Öl - das durch den Antrieb fließt - abgeführt
werden muß.

In zwei speziellen Betriebszuständen - bei der Leerlaufdrehzahl des Läufers bei beliebiger Aussteuerung sowie jeweils bei blockiertem Läufer - wird jedoch die gesamte
zugeführte Leistung in Wärme umgesetzt, da hier die Abtriebsleistung jeweils Null ist.

Die Leerlaufdrehzahl des Läufers stellt sich ein, wenn bei
einer beliebigen Auslenkung x/x_0 der Mitnehmer:

$$M_1(x/x_0) = M_2(x/x_0) \tag{2-8}$$

ist. Dabei gilt nach Gl. (2-5):

$$M_1 \sim b_1 \, \omega_{S\,1} = \left(x_0 + x \right) \left(\omega_A - \omega_1 \right)$$
$$\tag{2-9}$$
$$\text{und} \quad M_2 \sim b_2 \, \omega_{S\,2} = \left(x_0 - x \right) \left(\omega_A + \omega_1 \right)$$

mit den Eintauchtiefen b_1 und b_2 der beiden Mitnehmer.

Die Antriebsleistung wird dabei:

$$P_M = 2\ \omega_A\ M_1 (x/x_0) \qquad\qquad (2\text{-}10)$$

Der Verlauf der erforderlichen Antriebsleistung $P_M/P_{M\ max}$
und damit auch des Wärmestromes Φ/Φ_{max} in Abhängigkeit von
der Mitnehmerauslenkung x/x_0 ist in <u>Bild 2/7</u> dargestellt.
Diese Leistung ist für $x/x_0 = 0$ gleich der maximalen Antriebsleistung $P_{M\ max}$ (Gl. 2-13) und für $x/x_0 = 1$ bzw. -1 ist
$P_M = 0$, da hier der Läufer von dem jeweils voll eingetauchten Mitnehmer ohne Schlupf mitgenommen wird.

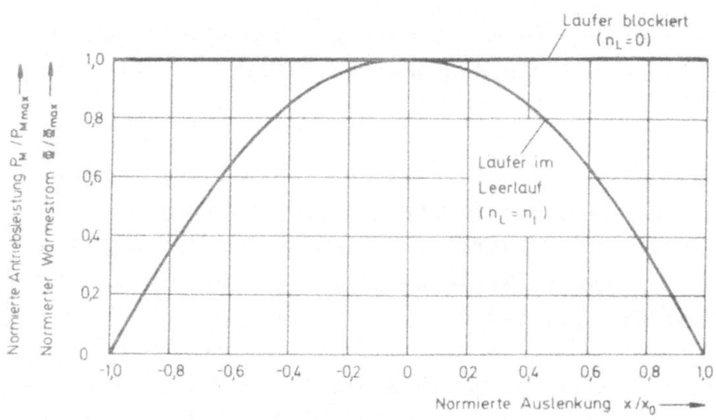

<u>Bild 2/7:</u> Antriebsleistung und Wärmestrom in Abhängigkeit
von der Auslenkung beim Leerlauf und bei blockiertem Läufer

In Bild 2/7 ist auch der Sonderfall eingezeichnet, bei dem
der Läufer blockiert ist ($n_L = 0$ bzw. $\omega_L = 0$). Hier ist die
Antriebsleistung - unabhängig von der Mitnehmerauslenkung -
konstant $P_{M\ max}$, denn es gilt:

$$M_1 \sim x_0 + x \qquad\qquad (2\text{-}11)$$

$$\text{und} \qquad M_2 \sim x_0 - x$$

und die Summe ist somit:

$$M_1 + M_2 = \text{const.} = M_0 \qquad\qquad (2\text{-}12)$$

Damit wird die Antriebsleistung:

$$P_M = \omega_A \, M_0 = P_{M\,max} \qquad\qquad (2\text{-}13)$$

Bei der Auslenkung $x/x_0 = 0$ müssen sich die beiden Kurven berühren, denn in diesem Punkte gilt:

$$\omega_L = \omega_1 = 0 \qquad\qquad (2\text{-}14)$$

d.h. der Läufer befindet sich im "Leerlauf" und ist gleichzeitig "blockiert".

Die Leistungskurve für das Fahren im Leerlauf stellt die minimal erforderliche Antriebsleistung dar, die Leistungskurve bei blockiertem Läufer die maximale. Die Antriebsleistung für einen beliebigen Betriebszustand liegt dazwischen.

Bei einem maximalen Stillstandsdrehmoment des viskohydraulischen Versuchsantriebs von $M_0 = 40$ N m und einer maximalen Leerlaufdrehzahl von $n_0 \approx n_A = 1200$ min^{-1} (Kap. 3.5.) wird bei der Mitnehmerauslenkung $x/x_0 = 0$ die maximale Antriebsleistung und der maximale Wärmestrom:

$$P_{M\,max} = \dot{\Phi}_{max} = 5030 \text{ W}$$

Für den Einsatz des viskohydraulischen Antriebs als Vorschubantrieb bei Werkzeugmaschinen bedeutet dies, daß der maximale
Wärmestrom pro Schlittenantrieb immer dann anfällt, wenn bei
betriebsbereiter Maschine ein Schlitten nicht verfahren wird,
zum Beispiel beim Einrichten des Werkzeugs und Aufspannen
des Werkstücks oder auch wenn während der Bearbeitung ein
oder mehrere Schlitten nur eine bestimmte Position halten
müssen, etwa beim Bohren sowie beim Drehen und Fräsen längs
einer Maschinenachse.

Im folgenden wird daher untersucht, ob und auf welche Weise
dieser Wärmestrom sowie die Energiekosten, auch wenn diese
bei Vorschubantrieben von untergeordneter Bedeutung sind,
insbesondere bei der Mitnehmerauslenkung $x/x_0 = 0$ gesenkt
werden können.

2.2.2. Möglichkeiten der Reduzierung des Wärmestromes

Für den viskohydraulischen Antrieb nach Bild 2/5 gilt bei
der Mitnehmerauslenkung $x/x_0 = 0$ für die Drehmomente M_1 und
M_2 (Einspanndrehmomente) im idealisierten Drehmoment-Drehzahl-Kennlinienfeld:

$$M_1\bigg|_{\frac{x}{x_0}=0} = M_2\bigg|_{\frac{x}{x_0}=0} = 0{,}5\ M_0 \tag{2-15}$$

Die Antriebsleistung ist dabei nach Gl. (2-13) $P_M = P_{M\ max}$
$= \omega_A\ M_0 = \Phi_{max}$. Eine Reduzierung des Wärmestromes Φ für
$x/x_0 = 0$ ist - bei konstanter Mitnehmerdrehzahl n_A - also
nur durch ein Verringern der Einspanndrehmomente zu erreichen.
Die Bilder 2/8 und 2/9 zeigen hierfür einige Möglichkeiten
durch Variation der Eintauchtiefen sowie der Einstichgeometrie von Läufer und Mitnehmern. Für die Bauformen a) bis
g) sind die idealisierten Drehmoment-Drehzahl-Kennlinien
sowie der Verlauf der Drehzahlsteifigkeit in Abhängigkeit

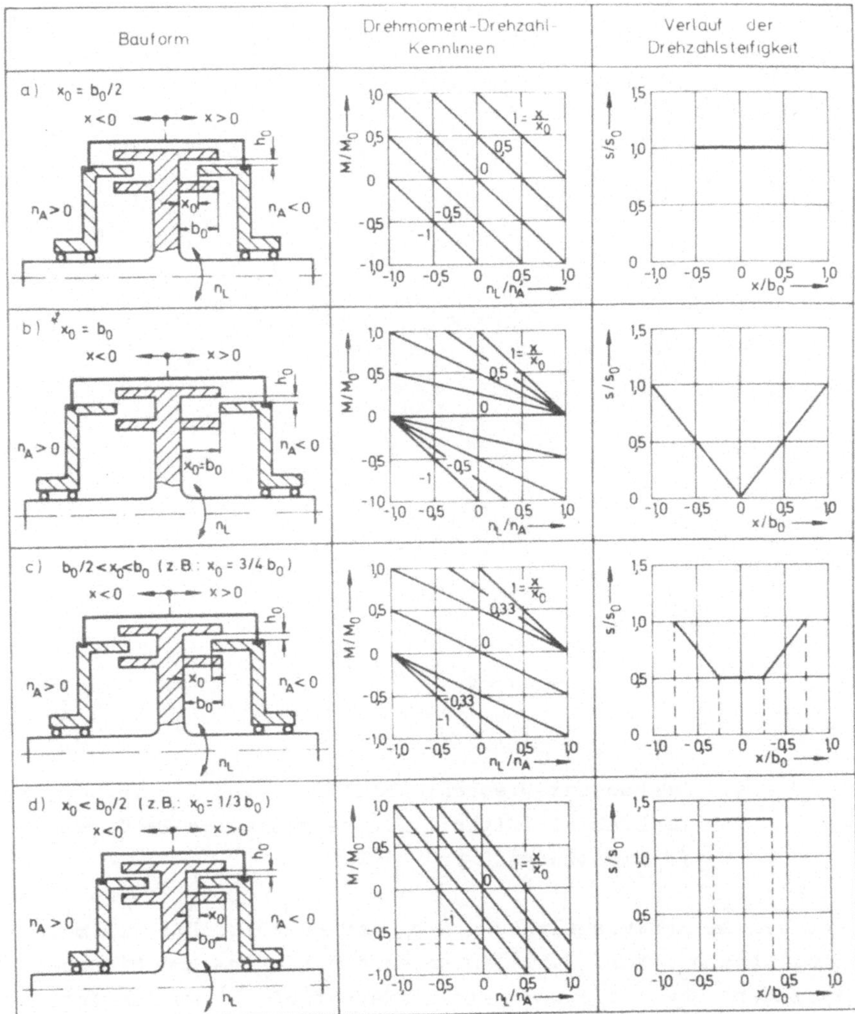

Bild 2/8: Drehmoment-Drehzahl-Kennlinien und Verlauf der Drehzahlsteifigkeit für verschiedene Bauformen

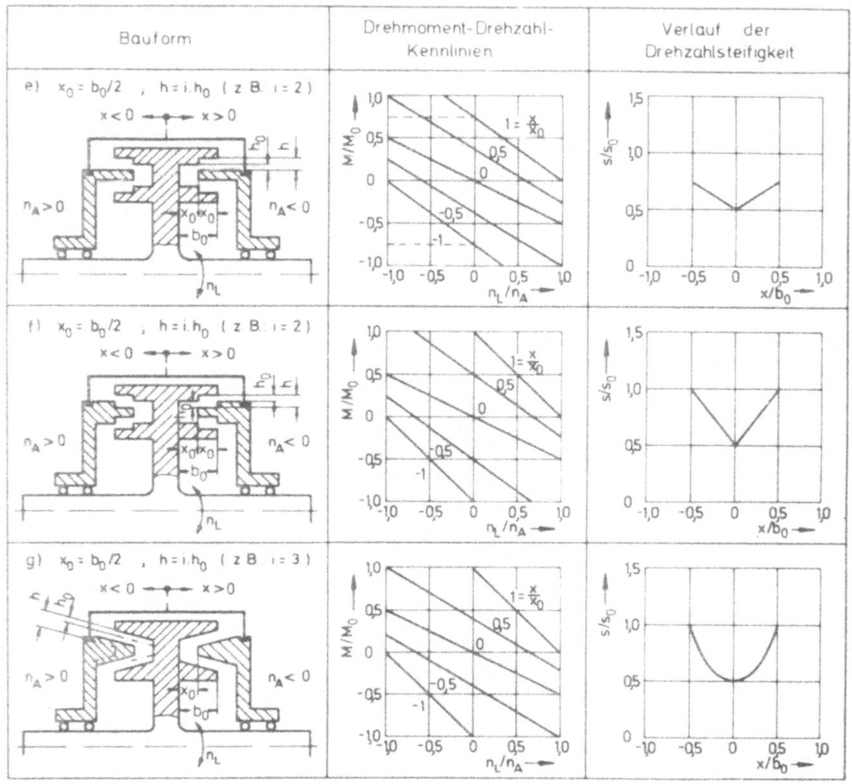

Bild 2/9: Drehmoment-Drehzahl-Kennlinien und Verlauf der Drehzahlsteifigkeit für verschiedene Bauformen (Fortsetzung)

von der Mitnehmerauslenkung x/b_0 dargestellt. Die minimale Spalthöhe h_0 (Kap. 3.5.) zwischen den Läufer- und Mitnehmerzylindern sowie die maximale Eintauchtiefe b_0 wurden für alle Bauformen als konstant angenommen. Die Abtriebsdrehmomente M sowie die Drehzahlsteifigkeiten $s = \Delta M/\Delta n$ sind auf das Stillstandsdrehmoment M_0 bzw. die Drehzahlsteifigkeit $s_0 = M_0/n_A$ der Bauform a) normiert und die Abtriebsdrehzahlen n_L auf die konstante Mitnehmerdrehzahl n_A. Die Mit-

nehmerauslenkung x in den Diagrammen des Drehzahlsteifig-
keits-Verlaufes ist auf die maximale Eintauchtiefe b_0 normiert, um so die unterschiedlichen Auslenkamplituden x_0 der
Bauformen b) bis d) gegenüber a) aufzuzeigen, die sich aus
den verschiedenen Zuordnungen der Mitnehmer zum Läufer ergeben. Die Bauformen e) bis g) unterscheiden sich gegenüber
a) nur durch ihre Spaltgeometrien.

Aus der Beziehung:

$$\frac{s}{s_0} = \frac{\Delta M / M_0}{\Delta n / n_A} \tag{2-16}$$

folgt, daß bei der Mitnehmerauslenkung $x/x_0 = 0$ die Einspanndrehmomente und damit auch der Wärmestrom proportional zur
Drehzahlsteifigkeit s/s_0 sind. Ein ideales Drehmoment-Drehzahl-Kennlinienfeld nach <u>Bild 2/10</u> mit einer unendlich
großen Drehzahlsteifigkeit erfordert demnach – ohne Drehzahlregelung – unendlich große Einspanndrehmomente und
bringt damit einen unendlich großen Wärmestrom, vorausgesetzt, daß der Antrieb konstruktiv so ausgelegt werden
könnte, um diese Einspanndrehmomente zu erzeugen. Wie die
Drehzahlsteifigkeit durch eine Drehzahlregelung verbessert
werden kann, ist in Kap. 6.2.3. beschrieben.

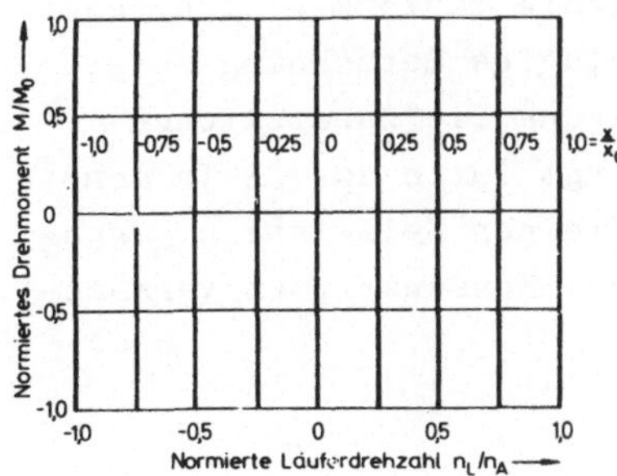

<u>Bild 2/10:</u>

Ideale Drehmo-
ment-Drehzahl-
Kennlinien

Zur Beurteilung der Bauformen a) bis g) dienen insbesondere
die Größen: maximales Stillstandsdrehmoment, maximale Leerlaufdrehzahl, Drehzahlsteifigkeit bei $x/x_0 = 0$ sowie der
Verlauf der Drehzahlsteifigkeit und der Fertigungsaufwand.

Bauform b) erzeugt bei $x/x_0 = 0$ keinen Wärmestrom; sie scheidet jedoch aus den in Kap. 2.2. genannten Gründen als Vorschubantrieb aus. Bauform c) - eine Zwischenlösung von a) und
b) - hat einen nichtstetigen Drehzahlsteifigkeits-Verlauf
und bringt konstruktive Schwierigkeiten bei der Ölzufuhr,
da ab einer bestimmten Auslenkung ein Mitnehmer aus dem Läufer
taucht. Ferner ist die Herstellung des Läufers und der Mitnehmer aus einem Stück bei rechteckigen Einstichen durch
eine Drehbearbeitung nicht möglich (Kap. 3.3.). Form d)
scheidet wegen des gegenüber a) noch größeren Wärmestromes
aus; M_0 und n_A werden zudem nicht erreicht. Die Ausführungen e) und f) haben nichtstetige Drehzahlsteifigkeits-Kenn-
linien. Hinzu kommen die Schwierigkeiten bei der Herstellung.
Bauform e) erreicht zudem M_0 nicht. Die Bauform g) mit den
trapezförmigen Einstichen erreicht bei maximaler Auslenkung
M_0 und n_A. Der Drehzahlsteifigkeits-Verlauf ist nicht linear,
aber doch stetig. Der Wärmestrom bei $x/x_0 = 0$ läßt sich durch
die Wahl des Keilwinkels bestimmen. Der Läufer und die Mitnehmer können bei trapezförmigen Einstichen durch eine Drehbearbeitung jeweils aus einem Stück gefertigt werden
(Kap. 3.3.).

Diese Betrachtungen ergeben, daß die Bauform g) insgesamt
am günstigsten ist. Eine überschlägige Berechnung zeigte
zudem, daß bei der Mitnehmerbewegung die zusätzlichen
Kräfte in axialer Richtung, bedingt durch das Öl in den
trapezförmigen Einstichen, bei kleinen Keilwinkeln gegenüber den übrigen Reib-, Druck- und Massenkräften vernachlässigbar sind.

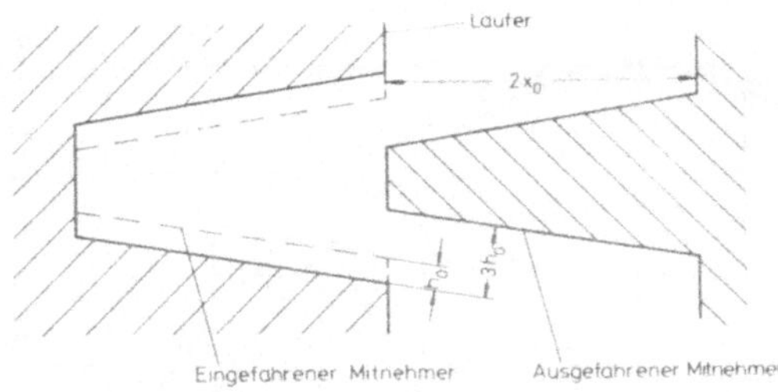

Bild 2/11:

Spaltgeometrie
von Läufer und
Mitnehmer

Bei einem gewählten Drehzahlsteifigkeits-Verhältnis $s/s_0 = 0,5$
bei $x/x_0 = 0$, erhält man eine Spaltgeometrie gemäß **Bild 2/11**.
Eine Gegenüberstellung der Leistungs- und Wärmestrombilanz
für die Bauformen a) und g) zeigt **Bild 2/12**. Außer den beiden Kurven für die maximale und die minimale Antriebsleistung
und damit den maximalen und minimalen Wärmestrom bei blockiertem Läufer ($n_L = 0$) bzw. beim Fahren im Leerlauf ($n_L = n_1$)
enthält das Bild die Kennlinie für das relative Leistungs-
maximum $P_{L\,opt}$ für $\omega_L = 0,5\,\omega_1$ ($n_L = 0,5\,n_1$) sowie die da-
zugehörigen Werte P_M und Φ. Für dieses relative Leistungsmaximum des Antriebs bei einer beliebigen Mitnehmerauslenkung x/x_0 gilt nach **Bild 2/13**:

$$P_{L\,opt} = P_L\Big|_{\omega_L = 0,5\,\omega_1} = \frac{1}{4}\,\omega_1\,M_{St} \qquad (2-17)$$

Der optimale Wirkungsgrad dieses viskohydraulischen Kupplungsantriebs bei maximaler Auslenkung ist also 50 %.

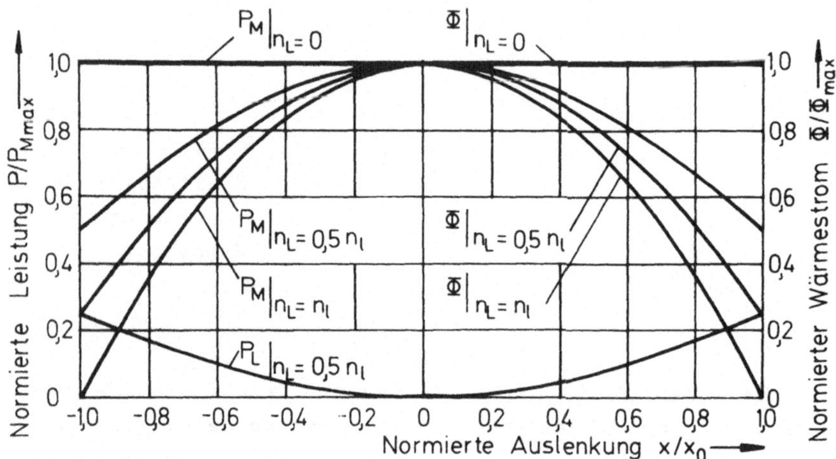

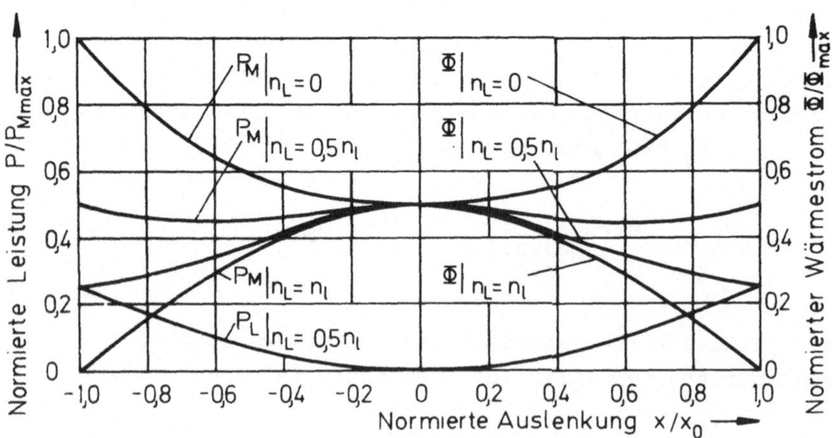

Bild 2/12: Leistungs- und Wärmestrombilanz für die Bauformen a) und g) nach Bild 2/8 und 2/9

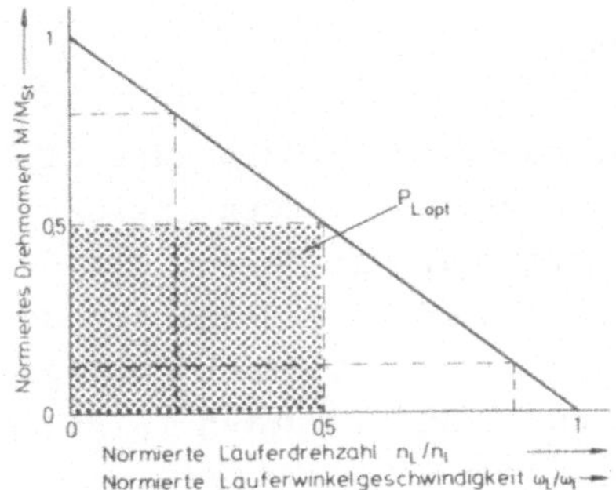

Bild 2/13:

Relatives Maxi-
mum der Abtriebs-
leistung bei be-
liebiger Mitneh-
merauslenkung

Diese Betrachtungen über die geometrische Gestaltung der
Kupplungsspalte sind der Ausgangspunkt für die Dimensionierung des Versuchsantriebs.

3. Dimensionierung des viskohydraulischen Versuchsantriebs

3.1. Aufbau des Versuchsantriebs

Der Aufbau des Versuchsantriebs wurde so gewählt, daß die
einzelnen Elemente und Baugruppen,wie die beiden viskohydraulischen Kupplungen, der Antrieb der Mitnehmer, die Ölzufuhr und der Steuermechanismus möglichst voneinander unabhängig sind und diese so auch einzeln untersucht und gegebenenfalls variiert werden können. Zudem mußten folgende
Forderungen beachtet werden:

> Geringes Massenträgheitsmoment des Läufers und der
> Läuferwelle;
>
> Spielfreie und s´eife Drehmomentübertragung vom
> Läufer auf die Läuferwelle;
>
> Ölzufuhr zum Läufer über die Läuferwelle [6];
>
> Große Querschnitte für die Ausgleichsölströme im
> Läufer;
>
> Auswechselbarkeit des Läufers und der Mitnehmer;
>
> Einfache Drehmomentübertragung auf die Mitnehmer;
>
> Vermeidung von Spannungen und Verformungen durch un-
> terschiedliche Längen - Ausdehnungskoeffizienten ver-
> schiedener Werkstoffe;
>
> Reibungsarme axiale Auslenkbewegung;
>
> Steuermechanismus mit hoher Dynamik;
>
> Einfacher Aufbau.

Die Bilder 3/1 und 3/2 zeigen diesen Versuchsantrieb. Der
Läufer ist mit der Läuferwelle verschraubt, und die beiden Mitnehmer werden axial ausgelenkt. Man erreicht dadurch eine spielfreie Drehmomentübertragung vom Läufer auf
die Welle, ein minimales Massenträgheitsmoment für Läufer
und Welle sowie eine einfache Ölzufuhr zum Läufer durch die

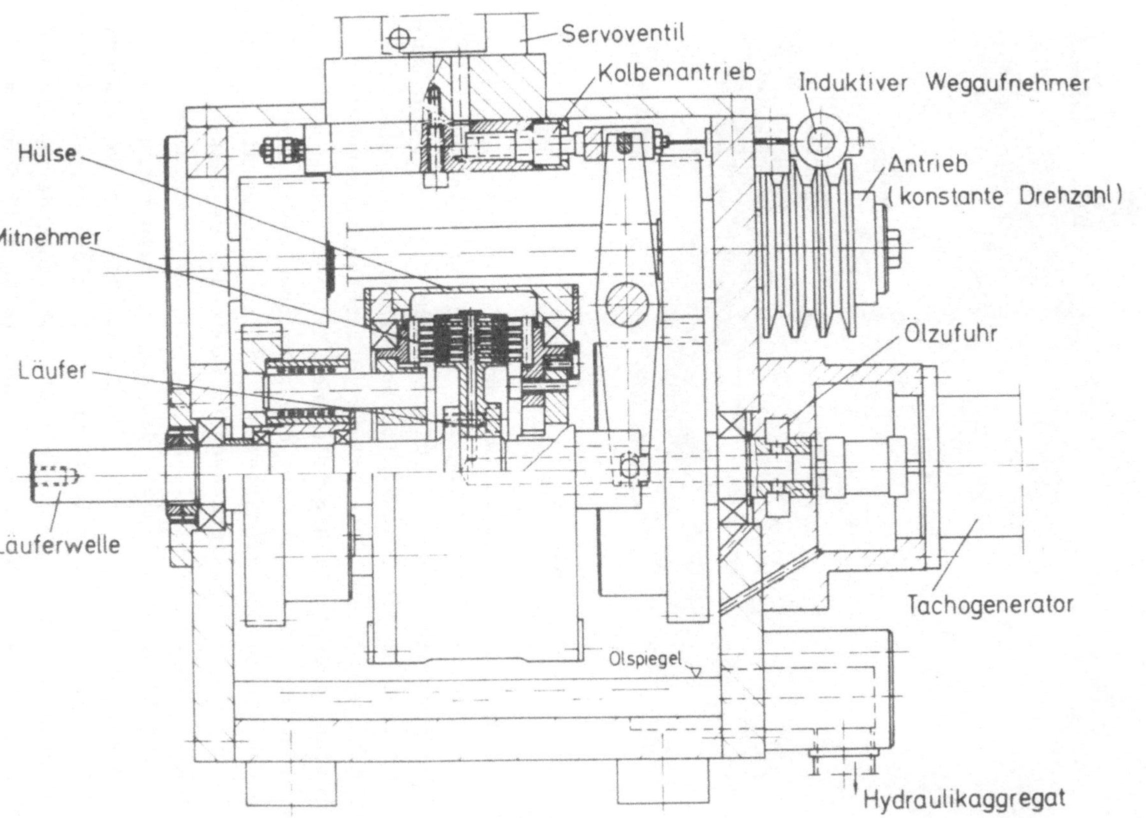

Bild 3/1: Viskohydraulischer Versuchsantrieb

<u>Bild 3/2:</u> Versuchsantrieb

Welle. Denn wegen der Axialbewegung der Mitnehmer und der
damit verbundenen Pumpwirkung ist - wie auch in [6,
S. 89 ff.] gezeigt wurde - die Ölzufuhr nur durch den Läufer sinnvoll. Um die Druckkräfte bei diesem Umpumpen klein
zu halten, werden am Läuferumfang 18 Taschen eingefräst.
Die beiden gegensinnig angetriebenen Mitnehmer sind durch
eine Hülse verbunden, die nur die Axialbewegungen der Mitnehmer ausführt. Sie gestattet auf einfache Weise die Kraft-
einleitung für die Auslenkbewegung sowie die Wegmessung für
die Wegrückführung (Kap. 4. und 6.2.1.); sie verhindert
ferner das freie Abschleudern des aus den Mitnehmern aus-
tretenden Öles, wodurch die Luftaufnahme des Öles vermindert
wird. Die axiale Spielfreiheit und Steifigkeit wird durch
den Öldruck im Läufer gewährleistet. Die Länge der Hülse ist
so bemessen, daß bei einer Einstichtiefe b_S = 13,5 mm im
Läufer und in den Mitnehmern die maximale Eintauchtiefe der
Mitnehmer b_{max} = 12,5 mm und die minimale b_{min} = 0,5 mm be-

<u>Bild 3/3:</u> Aufbau des Kupplungsantriebs (Läufer noch ohne
         äußeren Verschlußring)

trägt (Kap. 3.5.). Die Mitnehmer tauchen also nie aus dem
Läufer aus; das ist für die Ölverteilung in den beiden
Kupplungen wesentlich (Kap. 3.6.). Durch diese Zuordnung
sowie durch Reibungsverluste in den Lagern reduziert sich
die maximale Leerlaufdrehzahl n_0 auf etwa 94 % der Mitnehmerdrehzahl n_A (Kap. 6.1.1.). Die geforderte reibungsarme
axiale Auslenkbewegung der Mitnehmer wird mittels Kugelführungen erreicht [9] (<u>Bild 3/3</u>). Der Antrieb der beiden
Mitnehmer erfolgt durch zwei schrägverzahnte Stirnradgetriebe. Die Schrägungsrichtungen sind so gewählt, daß die
Axialkräfte auf die Läuferwelle immer in dieselbe Richtung
wirken, um ein "Schwimmen" der Läuferwelle bei Drehrichtungs-
wechseln zu verhindern. Die Zahnradgetriebe und die Kugelführungen dürfen spielbehaftet sein, da sie über die viskohydraulischen Kupplungen verspannt werden.

Das Steuersystem besteht aus einem Kolbenantrieb, der durch
ein elektrohydraulisches Servoventil angesteuert wird. Die
Kraftübertragung vom Kolbenantrieb auf die Hülse geschieht
durch Hebel.

3.2. Gesichtspunkte zur Auswahl der Werkstoffe

Bei der Auswahl der Werkstoffe für den Kupplungsantrieb
müssen die Anforderungen an Vorschubantriebe, die Besonder-
heiten dieses viskohydraulischen Antriebs und auch die Probleme bei der Fertigung berücksichtigt werden. Der Werkstoff
für den Läufer und die Mitnehmer sollte daher folgende Bedingungen erfüllen:

> Geringe Dichte (jedoch mittlere Festigkeit) für ein
> kleines Massenträgheitsmoment des Läufers;
>
> Gute Wärmeleitfähigkeit, um örtliche Erwärmungen
> rasch auszugleichen;
>
> Gute Zerspanbarkeit;
>
> Kleiner Längen-Ausdehnungskoeffizient;
>
> Keinen - oder nur geringen - Einfluß auf die
> Alterung des Öles.

Da die Spalthöhen zwischen den Zylinderlamellen der Mitnehmer
und des Läufers minimal nur $h_0 = 0,12$ mm betragen, werden für
eine gleichmäßige thermische Ausdehnung der Läufer und die
Mitnehmer zweckmäßigerweise aus demselben Material hergestellt. Auch die Umbauteile - bis auf Wellen, Lager, Zahn-
räder usw. - fertigt man vorteilhafterweise aus diesem
Material.

Unter dem Gesichtspunkt der Dichte und damit eines kleinen
Massenträgheitsmomentes des Läufers bieten sich als Werkstoff
vor allem Aluminium- und Magnesiumlegierungen sowie Kunststoffe an (Tabelle 3.1).

Die Kunststoffe haben die niedrigsten Dichte-Werte. Durch
die Glasfaserverstärkung erreichen sie eine ausreichende
Festigkeit. Die Dreh- und Fräsbearbeitung wird durch die
Glasfaserverstärkung jedoch erheblich erschwert und erfordert

Werkstoff	Dichte ρ in kg/m^3	Zugfestig. σ_B in N/mm^2	Wärmeleitfäh. λ in W/m K	Ausdehnungsk. α in μm/m K	Schmelzbereich in $^{\circ}$C
Aluminium-Automatenleg. (kaltausgehärtet) AlCuMgPb	2 850	350...380	142 (Al 99,5: 230)	23	507...650
Magnesiumleg. (o.besondere Behandlung)					
1. MgAl3Zn	1 770	230...260	97	26	605...632
2. MgAl8Zn	1 800	290...340	76 (Mg 99,5: 154)	26	490...610
Kunststoffe					
1.Styrol-Acrylnitril- Copolymerisat (Luran)					
a.ohne Glasfaseranteil	1 080	78	0,18	70 } von 0	100 } Vicat Er-
b.mit 35% Glasfaserant. (Luran KR 2517)	1 360	80	0,19	24 } ..60°C	103 } weichungs- punkt DIN 53460
2.Ultramid-B, hitzestab.		luftfeucht:			
a. 25% Glasfaserant.	1 300	110	0,23	20...30 } von 10	215...220
b. 35% Glasfaserant.	1 400	130	0,23	20...30 } ..30°C	215...220

Tabelle 3.1: Werkstoffkennwerte nach [10, 11, 12]

Hartmetallwerkzeuge. Neben Quell- und Kriecheffekten haben
sämtliche Kunststoffe als besonderen Nachteil eine sehr
schlechte Wärmeleitfähigkeit. Sie scheiden aus diesen Gründen als Werkstoff für den viskohydraulischen Antrieb aus.

Die physikalischen Eigenschaften (vor allem die Dichte) und
die gegenüber Aluminiumlegierungen noch bessere Zerspanbar-
keit lassen die Magnesiumlegierungen als Werkstoff besonders
günstig erscheinen, auch wenn der Preis je Kilogramm 5 bis
6 mal größer ist als bei Aluminiumlegierungen. Bei der Bearbeitung und Zerspanung von Magnesium und Magnesiumlegierungen müssen jedoch besondere Randbedingungen und Sicherheits-
maßnahmen beachtet werden [11]. Ferner ist Reibung zwischen
dem Werkzeug und dem Werkstück zu vermeiden. Durch diese
Schwierigkeiten sind auch die Magnesiumlegierungen als Werkstoff für den Versuchsantrieb nicht geeignet.

Die Mitnehmer und der Läufer sowie deren Umbauteile wurden
deshalb aus der Aluminium-Automatenlegierung AlCuMgPb hergestellt. Diese Legierung wurde wegen ihrer guten Zerspan-
barkeit gewählt, insbesondere im Hinblick auf die Fertigung
der Einstiche. Das Material ist kaltausgehärtet und in
Stangenform käuflich. Eine Wärmebehandlung wurde nicht vorgenommen, da der Verzug vernachlässigbar war, bzw. durch die
Art des Einstechverfahrens laufend korrigiert wurde.

3.3. Fertigung des Läufers und der Mitnehmer

Die wirtschaftliche Herstellung des viskohydraulischen Antriebs hängt wesentlich von der rationellen Fertigung des
Läufers und der beiden Mitnehmer ab. Deren Aufbau aus einzeln hergestellten Zylindern (Bild 3/4) ist für die Erstellung eines Versuchsantriebs möglich, nicht jedoch für
eine Fertigung in größeren Stückzahlen. Zudem sollen die
Zylinderlamellen, nicht wie in [6] rechteckig, sondern tra-
pezförmig ausgeführt sein (Kap. 2.2.2.). Bei der Einzelan-
fertigung der Zylinder müssen diese durch Aufpressen oder
Aufschrumpfen und Verstiften montiert werden. Durch ein
Schiefsitzen der Ringe würden Rundlauffehler entstehen. Insbesondere unter dem Gesichtspunkte der mechanischen Stabilität des Läufers bereitet auch die Ausbildung der radialen
Ölbohrungen sowie der Axialnuten bzw. der Ausfräsungen für
die Ausgleichsölströme Schwierigkeiten, da der Bund in
Bild 3/4 mehrmals unterbrochen werden müßte.

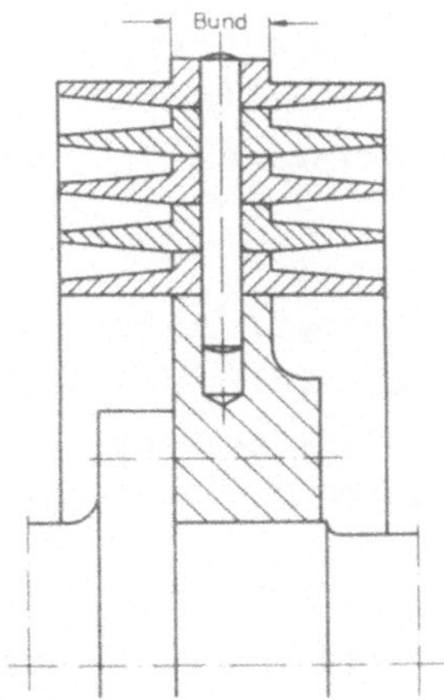

Bild 3/4:

Läufer aus ein-
zelnen Zylindern
zusammengesetzt

Diese Gründe legten nahe, den Läufer und die Mitnehmer je
aus einem Stück zu fertigen. Zur Diskussion standen die Drehbearbeitung oder ein elektrochemisches bzw. elektroerosives

Herstellungsverfahren. Da bei den beiden letzteren Verfahren
zuerst die Elektroden angefertigt werden müssen - zum Beispiel durch Drehen - , und zwar je eine für die Läufer- und
die Mitnehmerbearbeitung, wurden diese Verfahren für die
Erstellung des Versuchsantriebs nicht weiterverfolgt. Ob
bei einer Serienfertigung der Mitnehmer und Läufer elektro-
chemische oder elektroerosive Verfahren gegenüber der Drehbearbeitung wirtschaftlicher sind, müßte gegebenenfalls
untersucht werden.

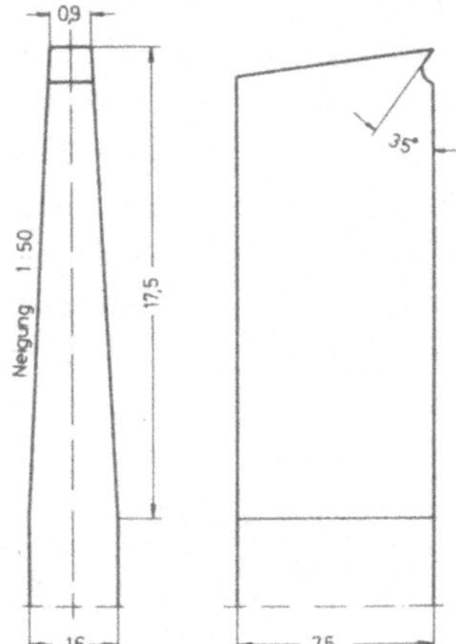

Bild 3/5:

Einstechmeißel
für erste Dreh-
versuche

Bei ersten Drehversuchen mit einem trapezförmigen HSS-Dreh-
meißel nach Bild 3/5 konnten mehrere axiale, 15 mm tiefe Einstiche ins Volle in Aluminium-Automatenlegierung AlCuMgPb gedreht werden, ohne daß der Meißel abbrach oder nachgeschliffen
werden mußte.

Untersuchungen über die Genauigkeit der Einstiche ergaben,
daß die Drehmeißel sorgfältig symmetrisch geschliffen sein
müssen, insbesondere die Winkel und Kanten an den beiden
Seitenflächen. Denn die Steifigkeit dieser Drehmeißel in
Querrichtung ist - auch bei einer Schneidenbreite von
1,5 mm (Bild 3/6) - nicht sehr groß.

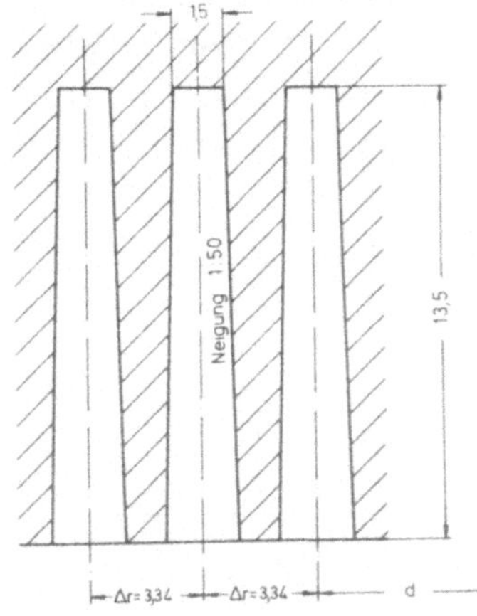

Bild 3/6:

Abmessungen der
axialen Mitneh-
mer- und Läufer-
einstiche

Versuche die Einstiche rechteckig vorzustechen (Schneidenbreite 1,5 mm) und anschließend mit einem trapezförmigen
Formmeißel fertigzubearbeiten scheiterten, da die rechteckigen Einstechmeißel mit ihrem konstanten Querschnitt schon
nach wenigen Zehntelmillimetern Einstechtiefe an der Einspann-
stelle (größtes Biegemoment) abbrachen. Eine Vergrößerung
der Drehmeißelhöhe über 8 mm ist wegen der Geometrie der
innersten Nut jedoch nicht möglich.

Die Flanken der Einstiche auf einer NC-Drehmaschine zu be-
arbeiten, ist wegen der noch geringeren Steifigkeit des dafür erforderlichen Drehmeißels gegenüber dem trapezförmigen
Einstechmeißel ebenfalls ausgeschlossen.

Die Einstiche durch Vorstechoperationen mit mehreren Meißeln
herzustellen, wurde wegen des erhöhten Aufwandes nicht erprobt.

Die Einstiche mußten also mit einem symmetrischen trapezförmigen Einstechmeißel in einem Arbeitsgang gefertigt werden. Zur Schmierung und Ausschwemmung der Späne diente Kühl-
mittel. Die besten Werte für die Formgenauigkeit und Ober-

flächengüte erhielt man bei einer Schnittgeschwindigkeit
von (150...160) m/min. Der Vorschub wurde etwa zehntelmilli-
meterweise von Hand ausgeführt. Die Rauhtiefe in Umfangs-
richtung nach [13] betrug R_t = 2,5 µm.

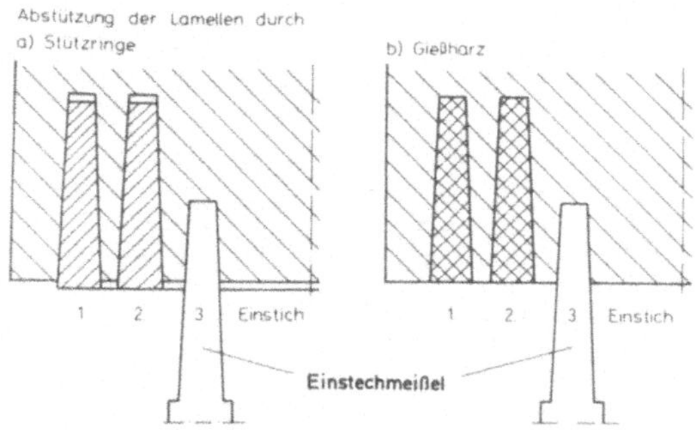

Bild 3/7:

Abstützung der
Zylinderlamel-
len

Auf diese Weise konnten einzelne axiale Einstiche mit hin-
reichender Genauigkeit gedreht werden. Bei der Herstellung
des benachbarten Einstiches in dem radialen Abstand von
Δr = 3,34 mm wurde jedoch die gemeinsame Lamelle weggedrückt,
und der Drehmeißel verlief. Das Einsetzen von Stützringen oder
das Ausgießen mit Gießharz (**Bild 3/7**) wurde wegen des Aufwandes und des ungewissen Erfolges nicht erprobt. Vielmehr

Bild 3/8:

Meißelhalter mit
7 Einstechmeißeln

wurde ein Meißelhalter mit 7 trapezförmigen Einstechmeißeln
entwickelt (<u>Bild 3/8</u>); dadurch konnten die Einstiche je
Läuferseite bzw. je Mitnehmer in einem Arbeitsgang hergestellt werden. Der Planschlitten der Drehmaschine mußte dabei
nur einmal um die halbe radiale Teilung von 1,67 mm verfahren werden. Mögliche Zustellfehler wie beim einzelnen
Einstechen sind dadurch nahezu ausgeschlossen. <u>Bild 3/9</u>
zeigt den fertigbearbeiteten Läufer.

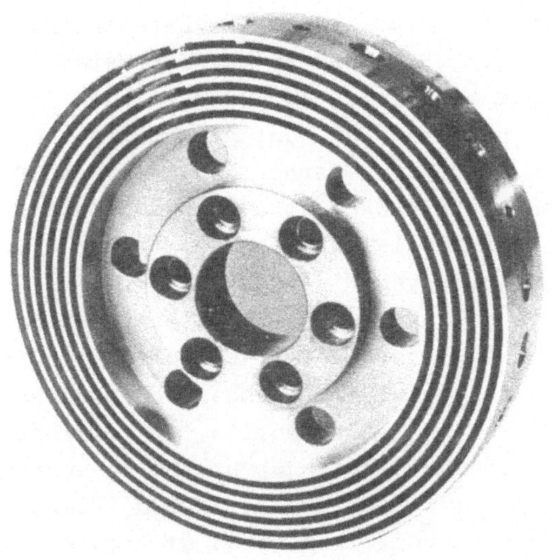

<u>Bild 3/9</u>: Fertigbearbeiteter Läufer (ohne äußeren Verschluß-
ring)

Um den Läufer und die Mitnehmer zur Bearbeitung und zum Aus-
messen beliebig oft in der Drehmaschine aufnehmen zu können,
wurde eine Drehaufnahme entwickelt, die im Dreibackenfutter
gespannt werden konnte. Dadurch war eine sichere Lagerung
und Drehmomentübertragung gewährleistet. Die Rundlauffehler
der einzelnen Zylinderlamellen waren - wie angestrebt -
kleiner als ± 0,025 mm.

3.4. Gesichtspunkte zur Auswahl des Öles

In [6] ist die Auswahl eines für den viskohydraulischen
Kupplungsantrieb geeigneten Öles bereits diskutiert worden.
Unter dem Gesichtspunkte der primären Aufgabe des Öles -
der Drehmomentübertragung - und der damit gegenüber
sonstigen Werkzeugmaschinen-Hydraulikölen erforderlichen
höheren Viskosität sowie eines möglichst flachen Viskositäts-
Temperatur-Verlaufes wurden Silikonöle (Dimethylpolysiloxane)
vorgeschlagen. Bei der Montage und dem Probelauf des Versuchsantriebs bestätigten sich jedoch die Herstellerangaben
[14, 15], die diesen Silikonölen bei der Werkstoffpaarung
Stahl gegen Stahl im Bereich der Grenzreibung Schmiereigenschaften absprechen. Bei der Montage haben zweimal Passungen
mit Schiebesitz gefressen. Ferner zeigt Bild 3/10 an einem
Ritzel Freßschäden, die nach etwa 20 Sekunden Probelauf bei
1/16 maximaler Antriebsleistung an den beiden Stirnradge-
trieben (16 MnCr 5, ungehärtet) entstanden sind. Beim Einsatz von gehärteten Zahnrädern liefen einige Zahnflanken
nach etwa 15 Minuten Probelauf bräunlich an. Da in dem viskohydraulischen Antrieb für alle Funktionen auch weiterhin nur
eine Ölsorte verwendet werden sollte, um zwischen den verschiedenen Kreisläufen Dichtungsprobleme zu vermeiden, wurden die Versuche mit dem Silikonöl AK 500 (Dimethylpoly-
siloxan) abgebrochen und ein anderes Öl gesucht.

Bild 3/10:

Ritzel mit Freß-
schäden

Aus den Aufgaben des Öles, wie Drehmomentübertragung in den
viskohydraulischen Kupplungen, Wärmeabfuhr, Steuerung des
Kolbenantriebs durch ein elektrohydraulisches Servoventil
und Getriebeschmierung ergeben sich folgende Hauptforderungen an das Öl:

Dynamische Viskosität $\eta = (0,23...0,3)$ Pa s bzw.
kinematische Viskosität $v \approx (2,3...3) \cdot 10^{-4}$ m^2/s
bei 50 ^{o}C;

Geringe Temperaturabhängigkeit der Viskosität zwischen
30 ^{o}C und 60 ^{o}C, d.h. hoher Viskositätsindex;

Möglichst newtonsches Verhalten bis zu einem Geschwindigkeitsgefälle $D_v = 10^5$ s^{-1};

Scherstabilität;

Gutes Luftabscheidevermögen;

Hohe Wärmekapazität und gute Wärmeleitfähigkeit;

Schmiereigenschaften;

Neutrales Verhalten gegenüber Dichtungen;

Oxydationsbeständigkeit;

Vertretbarer Preis.

Die Forderung nach einer bestimmten Viskosität des Öles ergibt sich aus dem gewünschten Stillstandsdrehmoment M_0 bei
maximaler Auslenkung der Mitnehmer und den Abmessungen des
viskohydraulischen Kupplungsantriebs. Die angegebenen Viskositätswerte werden von Mineralölen und synthetischen Ölen erreicht. Durch die Erwärmung des Öles im Kupplungsantrieb
verringert sich seine Viskosität und damit auch das übertragbare Drehmoment. Die Viskosität des verwendeten Öles
sollte sich deshalb in dem interessierenden Temperaturbereich zwischen 30 ^{o}C und 60 ^{o}C möglichst wenig ändern.

Das Viskositäts-Temperatur-Verhalten (VT-Verhalten) eines
Öles kann im Viskositäts-Temperatur-Blatt nach Ubbelohde

graphisch anschaulich dargestellt werden. Die Koordinaten
dieses VT-Blattes sind so gewählt, daß das VT-Verhalten
vieler Mineralöle nur sehr wenig von einer Geraden abweicht
[16]. Das VT-Verhalten eines Mineralöles kann zudem durch
den Viskositätsindex (VI) gekennzeichnet werden [17]. Für
seine Berechnung gibt es zwei Verfahren, eines für die
Werte VI = 0...100 und eines für $VI_E \geq 100$. Um die synthetischen Öle mit den Mineralölen vergleichen zu können,
wurde auch für diese Öle nach den in [17] beschriebenen Verfahren der Viskositätsindex bestimmt.

Die Durchsicht der technischen Unterlagen verschiedener Öl-
firmen zeigte, daß hochviskose Mineralöle - auch mit Vis-
kositätsindex-Verbesserern - kaum VI-Werte über 100 erreichen, während das in [6] vorgeschlagene Silikonöl AK 500
einen Viskositätsindex VI_E = 393 hat. Für den viskohydraulischen Kupplungsantrieb kommen also vorzugsweise synthetische Öle in Betracht. <u>Bild 3/11</u> zeigt das VT-Verhalten
einiger ausgewählter Öle und zum Vergleich auch das des
Silikonöles AK 500 sowie eines Dampfzylinderöles mit
VI_E = 101.

Die Silikonöle mit den Bezeichnungen PN und PH sowie CR
sind Polymethylphenylsiloxane, die gegenüber den Silikonölen
AK verbesserte Schmiereigenschaften, jedoch teilweise erheblich schlechtere Viskositätsindizes haben (<u>Tabelle 3.2</u>).
Der Preis dieser Öle liegt bei 30 bis 40 DM je Kilogramm;
er ist etwa doppelt so hoch wie beim AK Öl.

Das Polybutenöl wurde für den viskohydraulischen Antrieb im
Labor hergestellt; seine Viskositätswerte sind relativ hoch.
Sein Preis würde unter 5 DM liegen.

Die beiden Uconöle 50-HB-2000 (wasserlöslich) und LB-1800-X
(nicht-wasserlöslich) sind Polyalkylenglykole [19]. Diese
Öle werden für die verschiedensten Anwendungsfälle einge-

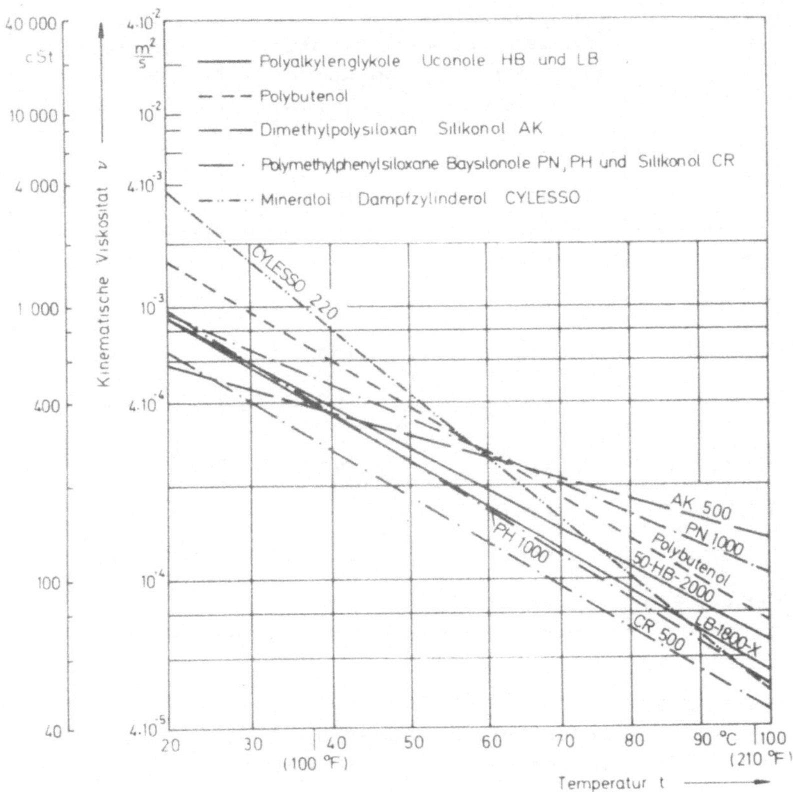

Bild 3/11: Viskositäts-Temperatur-Verhalten verschiedener Öle, nach [14, 15, 18, 19, 20]

setzt, z.B. als feuersichere Hydraulikflüssigkeit, Hydraulikflüssigkeit für Drehmomentwandler und Flüssigkeitskupplungen, Wärmeübertragungsmedium, Hochtemperaturschmiermittel, Getriebeschmiermittel, Bremsflüssigkeit usw. Durch ihre gute Verträglichkeit mit Additiven können die jeweils gewünschten Öleigenschaften noch verbessert werden. Das Öl LB-1800-X enthält z.B. den Standard-Oxydationsinhibitor X. Dieser enthält ein Antioxydans auf der Basis eines aromatischen Amins, wodurch die LB-X Öle während des Einsatzes

Ölsorte	Kinemat. Viskosität bei 37,78 $^{\circ}$C und 98,89 $^{\circ}$C (=100 $^{\circ}$F) (=210 $^{\circ}$F) v_1 v_2 in mm^2/s in mm^2/s		Viskositäts-index VI_E
AK 500	380	132	393
CR 500	280	46	233
PN 1000	510	120	337
PH 1000	400	50	205
Polybutenöl	670	78	208
50-HB-2000	446	75	256
LB-1800-X	393	56	218
CYLESSO 220	970	49	101

Tabelle 3.2: Kinematische Viskosität und Viskositätsindex verschiedener Öle nach [14, 15, 18,
19, 20]

eine dunkelbraune Farbe annehmen können. Die Uconöle kosten
je Kilogramm 5 bis 6 DM; sie sind damit nur etwa ein Drittel
so teuer wie die AK Öle.

Diese erste Gegenüberstellung verschiedener Öle ergab, daß
insbesondere die Uconöle und hier vor allem das nicht-wasser-
lösliche LB-1800-X für den viskohydraulischen Antrieb geeignet erscheinen. Die weiteren Untersuchungen der Uconöle
und des Polybutenöles sowie die Vergleiche mit dem Silikonöl AK 500 werden dies bestätigen.

Ist die Viskosität eines Öles unabhängig vom Geschwindigkeitsgefälle, so wird das Öl eine "newtonsche Flüssigkeit"
genannt. Nicht-newtonsche Flüssigkeiten zeigen demgegenüber
in der Regel eine Viskositätsabnahme mit steigendem Geschwindigkeitsgefälle; dies wird als Schein- oder Struktur-
viskosität bezeichnet [21, S. 9]. <u>Bild 3/12</u> zeigt die Abhängigkeit der Viskosität vom Geschwindigkeitsgefälle für
die Silikonöle AK [14]. Da die Kennlinie für das Öl AK 500
dabei nicht enthalten war, wurde deren angenommener Verlauf
gestrichelt hinzugefügt. Dem sind in <u>Bild 3/13</u> die mit einem
Rotationsviskosimeter gemessenen Werte der Uconöle und des
Polybutenöles bei verschiedenen Öltemperaturen gegenüberge-
stellt [20]. Erwähnt sei dabei, daß nach der Gerätebeschrei-
bung des Rotationsviskosimeters die ersten drei Werte wegen
möglicher Streuungen nicht für Berechnungen benützt werden
sollen. Der Verlauf der Kurven für Uconöle läßt auch bei
einem Geschwindigkeitsgefälle von $(10^4 \ldots 10^5)$ s^{-1} keinen
wesentlichen Viskositätsabfall erwarten. Die Angabe von [19],
daß hohes Geschwindigkeitsgefälle auf die Viskosität nahezu
keinen Einfluß hat, konnte damit bestätigt werden.

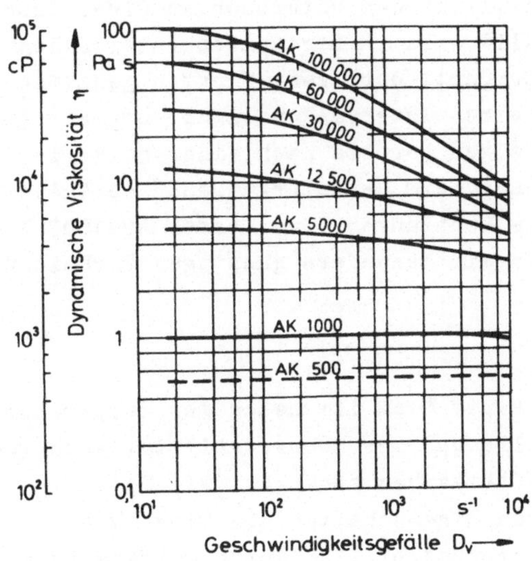

<u>Bild 3/12:</u>

Abhängigkeit der
Viskosität der
Silikonöle AK
vom Geschwindig-
keitsgefälle,
nach [14]

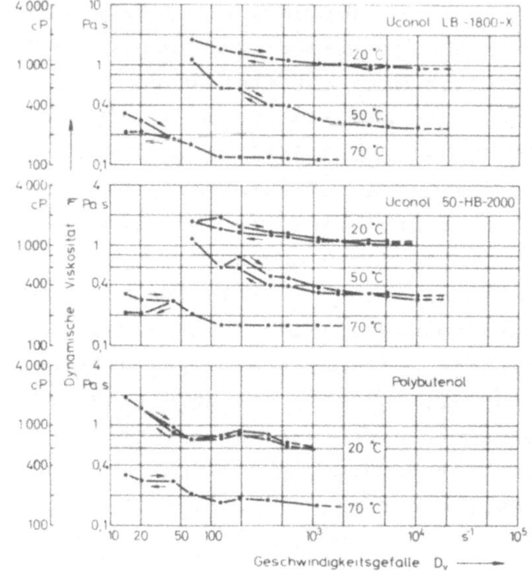

Bild 3/13:

Abhängigkeit der
Viskosität ver-
schiedener Öle
vom Geschwindig-
keitsgefälle,
nach [20]

Die Messungen mit dem Rotationsviskosimeter geben auch Aufschluß über die Scherstabilität des untersuchten Öles; denn
das Geschwindigkeitsgefälle wird in bestimmten Intervallen
bis zum Maximalwert gesteigert, dort zwei Minuten gehalten
und anschließend in denselben Intervallen wieder erniedrigt.
Nicht-scherstabile Öle zeigen bereits nach einer so kurz-
zeitigen Scherbeanspruchung beim Herunterfahren niedrigere
Viskositätswerte als beim Hochfahren. Das Uconöl LB-1800-X
zeichnet sich dabei durch ein besonders günstiges Verhalten
aus.

Die wirksame Viskosität eines Öles ist neben der Temperatur,
dem Geschwindigkeitsgefälle und der Scherstabilität auch von
eventuell vorhandenen Luftbläschen abhängig [22, 23].
Während die physikalischen Eigenschaften des Öles, wie
Dichte, Viskosität und Kompressibilität durch gelöste Luft

kaum beeinflußt werden [24, 25], bedeutet für den viskohydraulischen Kupplungsantrieb luftblasenhaltiges Öl, daß sich
die Schergeschwindigkeit in den Spalten in die Luftbläschen
verlagert und die benachbarten Ölteilchen nicht mehr auf
Scherung beansprucht werden, wodurch das übertragbare Drehmoment erheblich vermindert werden kann. Die ungelöste Luft
erhöht ferner die Kompressibilität des Öles. Dadurch verschlechtert sich die hydraulische Eigenfrequenz (Kap. 5.1.)
sowie die Stabilität des Steuersystems.

Luftbläschen können auf zwei Arten in den Kupplungsantrieb
gelangen, entweder als ungelöste Luft in Form von Bläschen
im Ölstrom oder durch Ausscheidung von im Öl gelöster Luft
unter bestimmten Bedingungen, wie Unterdruck bzw. Druck-
minderung und gleichzeitige Scherbeanspruchung [26, 27, 28].
Da diese letztgenannten Effekte nur wenig beeinflußt werden können, ist vor allem auf eine blasenfreie Ölzufuhr zum
Antrieb zu achten. Dafür wurden verschiedene konstruktive
Vorkehrungen getroffen. Durch eine entsprechende Gestaltung
der Hülse, welche die beiden Mitnehmer verbindet, konnte
die Schleuderstrecke des Öles klein gehalten werden. Auch
die Ausbildung des Hydraulikbehälters (Kap. 3.7.) trug da-
zu bei, daß die Pumpen keine Luftblasen ansaugen, was an
durchsichtigen Kunststoffschläuchen kontrolliert werden
konnte. Ganz wesentlich wird die Luftabscheidung im Hydraulikbehälter jedoch vom Luftabscheidevermögen des Öles
beeinflußt. Dieses Luftabscheidevermögen (LAV) ist nach
[29] die Zeit, in der sich die im Öl dispergierte Luft
bis auf 0,2 Vol.-% abscheidet. _Bild 3/14_ zeigt für die in-
teressierende Öle den Verlauf der Luftabscheidung bei einer
Öltemperatur von 50 °C [20]. Mit großem Abstand erhält man
für das Uconöl LB-1800-X und das Silikonöl AK 500 die
besten Werte.

Erwähnt sei in diesem Zusammenhang auch die Wirkung von
Silikonöl auf Mineralöle und andere synthetische Öle
[15, 30]. Bei einer Silikonölzugabe in Bruchteilen von

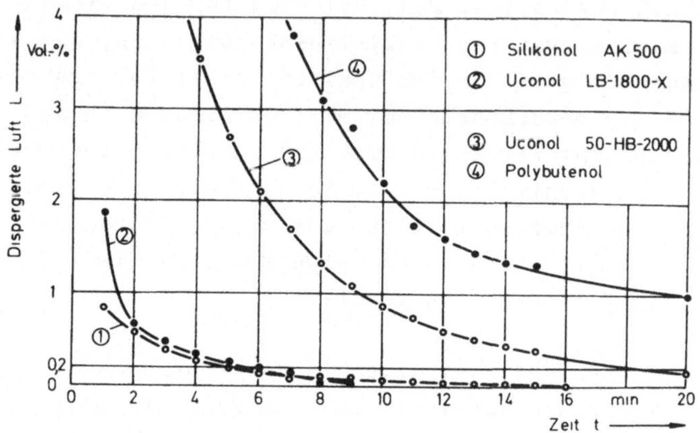

Bild 3/14: Luftabscheidung verschiedener Öle bei 50 °C, nach [20]

einem Prozent wird der Oberflächenschaum zerstört, aber gleichzeitig das Luftabscheidevermögen verschlechtert. Derselbe Effekt wurde auch bei Getriebeölen, die mit Schaumdämpfungs-Additiven versehen waren, beobachtet [31, S. 54 f.]. Nach dem Abbruch der erwähnten Versuche mit dem Silikonöl AK 500 mußten deshalb sämtliche Ölreste aus dem Antrieb und dem Hydraulikaggregat entfernt werden; Trichloräthylen eignete sich hierbei gut als Lösungs- bzw. Reinigungsmittel.

Eine weitere wesentliche Funktion des durch den Antrieb strömenden Öles ist die Wärmeabfuhr. Das verwendete Öl soll deshalb eine gute Wärmeleitfähigkeit λ und insbesondere eine hohe Wärmekapazität C haben. Bei einem von der Pumpe des Kupplungskreises vorgegebenen Volumenstrom $\dot{V}_K$ = const. ist damit das Produkt aus Dichte ρ und spezifischer Wärmekapazität (spez. Wärme) c für die Wärmekapazität des Öles entscheidend. Tabelle 3.3 enthält für das Silikonöl AK 500 und die beiden Uconöle die interessierenden Wärmekennwerte. Während die Wärmeleitfähigkeit λ für die drei Öle etwa gleich

Ölsorte	Wärmeleitf. λ bei 50 $^{\circ}$C in W/m K	Spez.Wärmekap. c bei 40 $^{\circ}$C in J/kg K	Dichte ρ bei 25 $^{\circ}$C in kg/m^3	$c \cdot \rho$ in μJ/m^3 K
AK 500	0,160	1 400	970	1,36
LB-1800-X	0,153	1 890	1 004	1,90
50-HB-2000	0,166	1 890	1 053	1,99

Tabelle 3.3: Wärmekennwerte verschiedener Öle, nach [14, 19]

groß ist, haben die Uconöle eine 40 % bzw. 46 % größere Wärmekapazität als das Silikonöl. Um eine bestimmte Wärmemenge abzuführen, beträgt die Temperaturerhöhung der Uconöle gegenüber dem Silikonöl nur 71,5 % bzw. 68,3 %, wodurch das schlechtere Viskositäts-Temperatur-Verhalten der Uconöle teilweise kompensiert wird.

Da die Versuche mit dem Silikonöl AK 500 wegen den ungenügenden Schmiereigenschaften abgebrochen werden mußten, wurden die ausgewählten Öle mit der Almen-Wieland-Ölprüfmethode auch bezüglich ihres Verhaltens im Grenz- und Mischreibungsgebiet untersucht. Bei diesem in der Normung befindlichen Verfahren läuft eine Stahlwelle mit 200 min^{-1} in einem geteilten Stahlgleitlager in einem Bad des zu prüfenden Öles. Die Belastung der Lagerschalen wird nach jeweils 100 Umdrehungen hydraulisch um 500 N gesteigert bis die Welle frißt oder abschert. Der pendelnd gelagerte Antriebsmotor zeigt die Reibungskraft F_R an. **Tabelle 3.4** enthält für verschiedene Öle die Reibkraft F_R bei der Anpreßkraft $F_A = 10^4$ N sowie F_A und F_R beim Beginn des Fressens bzw. beim Abscheren der Welle. Die Meßwerte bestätigen die mangelhaften Schmiereigenschaften des Silikonöles im Grenz- und Mischreibungsgebiet. Sie zeigen ferner, daß die Ergebnisse für dieses Öl erheblich streuen. Von den

Ölsorte	Reibkraft bei einer Anpreßkraft F_A = 10 000 N F_R in N	Anpreß- und Reibkraft kurz vor dem Fressen bzw. dem Abscheren der Welle	
		F_A in N	F_R in N
AK 500			
1. Messung	vorher gefressen	2 000	1 120
2. Messung	vorher gefressen	4 500	1 500
LB-1800-X	2 030	10 500	2 090
50-HB-2000	1 080	13 500	1 250
Polybutenöl	1 810	13 000	2 890
Renolin MR 10	1 800	15 000	2 750

<u>Tabelle 3.4</u>: Schmiereigenschaften verschiedener Öle im
Grenz- und Mischreibungsgebiet, nach [20, 32]

anderen hochviskosen Ölen hat das Uconöl 50-HB-2000 die
günstigsten Werte. Zum Vergleich sind auch die Daten des
Mehrzweckschmieröles Renolin MR 10 angegeben [32], das viel-
fach als Hydrauliköl eingesetzt wird. Die Anpreßkraft kurz
vor dem Abscheren der Welle ist hier am höchsten, während
die Reibkraft F_R bei F_A = 10^4 N nur um 13 % niedriger ist
als beim Uconöl LB-1800-X.

Zur Steuerung des Kolbenantriebs sind Servoventile vorge-
sehen (Kap. 5.2.). Das verwendete Öl sollte sich deshalb
gegenüber Dichtungsmaterialien und insbesondere O-Ringen
neutral verhalten, d.h. die Volumen- und die Härteänderun-
gen dürfen bestimmte Grenzen nicht überschreiten. Die Sili-
kon- und Uconöle erfüllen diese Bedingungen; für das Polybutenöl liegen keine Werte vor. Die Silikonöle haben eine

sehr geringe Oberflächenspannung (nur etwa 60 % der Uconöle);
die damit verbundene außerordentliche "Kriechfähigkeit" erschwert deshalb bei diesen Ölen eine völlige Abdichtung.

Für den Betrieb eines hydraulischen Antriebs ist auch das
Oxydationsverhalten des Öles wesentlich. Die Oxydationsbeständigkeit der Silikonöle ist bedeutend besser als bei
Mineralölen. So ergaben große Temperaturbeanspruchung,
hohe Druckeinwirkung und gleichzeitige Anwesenheit von
Sauerstoff auch über eine längere Zeit nur geringfügige Vis-
kositätsänderung der Silikonöle [14]. Auch bei den Uconölen
erhält man - wie bereits erwähnt - durch Additive gute
Oxydationsstabilität [19].

Diese Untersuchungen und Gegenüberstellungen ergeben, daß
die Uconöle für den viskohydraulischen Antrieb geeignet sind.
Obwohl das wasserlösliche Uconöl 50-HB-2000 bei einigen
Kriterien günstigere Werte hat, wurde das nicht-wasserlös-
liche Uconöl LB-1800-X gewählt; eine unbemerkte Wasserauf-
nahme des Öles wird dadurch vermieden.

3.5. <u>Kenndaten und Dimensionierung des Kupplungsantriebs</u>

Wie schon in Kap. 1. ausgeführt, werden als Vorschubantriebe bei Werkzeugmaschinen zunehmend Gleichstrommotoren
eingesetzt, insbesondere die sogenannten Langsamläufermotoren, die meist eine maximale Leerlaufdrehzahl von
$(1000 \ldots 2000)\ \mathrm{min}^{-1}$ und gegenüber den Schnelläufermotoren
erheblich größere Stillstandsdrehmomente haben. Sie ermöglichen die Antriebsspindel eines Werkzeugmaschinenschlittens
direkt, also ohne ein spiel- und trägheitsarmes sowie kost-
spieliges Vorschubgetriebe, anzutreiben. Diese Entwicklung
hin zu den Langsamläufermotoren kommt dem viskohydraulischen

Antrieb sehr entgegen, denn nach Gl. (2-5) ist das maximale
Stillstandsdrehmoment:

$$M_0 \sim \omega_{S\ max} = \omega_A \qquad (3-1)$$

und dabei die maximale Antriebsleistung nach Gl. (2-13),
die bei blockiertem Läufer ($n_L = 0$) ganz in Wärme umgesetzt
wird:

$$P_{M\ max} = \Phi_{max} \sim \omega_{S\ max}^2 = \omega_A^2 \qquad (3-2)$$

Bei einem vorhandenen Kupplungsantrieb wird also durch die
Herabsetzung der Mitnehmerdrehzahl n_A auf die Hälfte auch
das Stillstandsdrehmoment M_0 halbiert, die in Wärme umge-
setzte Antriebsleistung jedoch auf den vierten Teil reduziert. Zudem wird das Geschwindigkeitsgefälle in den Kupp-
lungsspalten auf die Hälfte herabgesetzt, wodurch nicht-
newtonsche Einflüsse vermindert werden. Es ist daher
günstiger, wenn die Mitnehmerdrehzahl n_A klein ist, und das
gewünschte maximale Stillstandsdrehmoment M_0 durch ein höher-
viskoses Öl und insbesondere durch eine entsprechende Wahl
der geometrischen Abmessungen erzielt wird.

Um den viskohydraulischen Antrieb mit den Langsamläufermotoren vergleichen zu können, wurden für ihn folgende Daten
gewählt:

$$M_0 = 40 \text{ N m}$$
$$\text{und} \qquad n_0 = 1200 \text{ min}^{-1} \qquad (3-3)$$

Eine Leerlaufdrehzahl unter $(1000...1200) \text{ min}^{-1}$ zu wählen
erscheint nicht sinnvoll, da die gegenwärtig üblicherweise
ausgeführte Eilganggeschwindigkeit für Vorschubschlitten
10 m/min und mehr beträgt und die Steigung der Vorschub-

spindeln (Kugelrollspindeln) in der Regel 10 mm je Umdrehung
ist.

Bei der Wahl der geometrischen Größen des Läufers und der
Mitnehmer,wie minimale Spalthöhe h_0, maximale Einstichtiefe
b_S und Durchmesser d der Zylinder sind sowohl die Bedingungen für den Einsatz als Vorschubantrieb als auch die der
Fertigung zu berücksichtigen. Bei einem Vorschubmotor soll
das Läufer-Massenträgheitsmoment zur Erzielung einer kleinen
mechanischen Zeitkonstanten und damit einer guten Dynamik
klein sein. Beim direkten Antrieb der Spindel ist dies
allerdings nicht so kritisch wie bei den Schnelläufermotoren, bei denen durch die Vorschubgetriebe mit Übersetzun-
gen in der Regel von i = (6...10) : 1 ins Langsame die Massenträgheitsmomente der Spindel und des Schlittens auf ihren
36. bis 100. Teil reduziert werden. Hier ist oft das auf
die Motorwelle reduzierte Massenträgheitsmoment von Spindel,
Tisch und Getriebe kleiner als das des Vorschubmotors, so
daß die Dynamik des Schlittenantriebs weitgehend durch das
Massenträgheitsmoment des Motorläufers bestimmt wird.

Zu den von der Fertigung beeinflußten geometrischen Größen
gehören insbesondere die minimale Spalthöhe h_0, die Einstichtiefe b_S und der radiale Abstand der Einstiche Δr. Die minimale Spalthöhe h_0, wenn ein Mitnehmer ganz im Läufer einge-
taucht ist, kann wegen den Fertigungstoleranzen nicht beliebig klein gewählt werden. Zudem könnte durch ein zu
großes Geschwindigkeitsgefälle $\partial v/\partial h$ die wirksame Viskosität des Öles durch nicht-newtonsches Verhalten vermindert
werden. Die minimale Spalthöhe wurde deshalb zu $h_0 = 0,12$ mm
gewählt.

Ebenso sind der maximalen Einstichtiefe b_S sowie dem klein-
sten radialen Abstand Δr zwischen zwei benachbarten Einstichen durch die vergleichsweise geringe Steifigkeit der
Einstechmeißel Grenzen gesetzt, auch wenn bei den Einstech-
versuchen Einstiche über 15 mm Tiefe ohne Schwierigkeiten

hergestellt werden konnten.

Für die Drehmomentberechnung wird für das gewählte Uconöl LB-1800-X eine mittlere dynamische Viskosität η_m = 0,25 Pa s angenommen (Kap. 3.4.).

Unter Vernachlässigung der Abweichung von etwa 6 % zwischen n_0 und n_A (Kap. 3.1.) und mit den genannten Randbedingungen:

$$n_0 \approx n_A = 1200 \text{ min}^{-1} \text{ bzw. } \omega_0 \approx \omega_A = 126 \text{ s}^{-1}$$

$$h_0 = 0,12 \text{ mm} \tag{3-4}$$

und $\quad \eta_m$ = 0,25 Pa s

ergibt sich bei b = 10 mm Eintauchtiefe je Mitnehmerzylinder, die aus Gründen der Ölzufuhr jeweils beidseitig von Läufer-zylindern umschlossen sind (<u>Bild 3/15</u>), bei blockiertem Läu-fer (n_L = 0) ein maximales Stillstandsdrehmoment nach Gl. (2-3):

$$M = 2 \left(\frac{\pi}{4} \eta_m \frac{b}{h_0} \omega_A \right) d_{mk}^3 = 4110 \ d_{mk}^3 \tag{3-5}$$

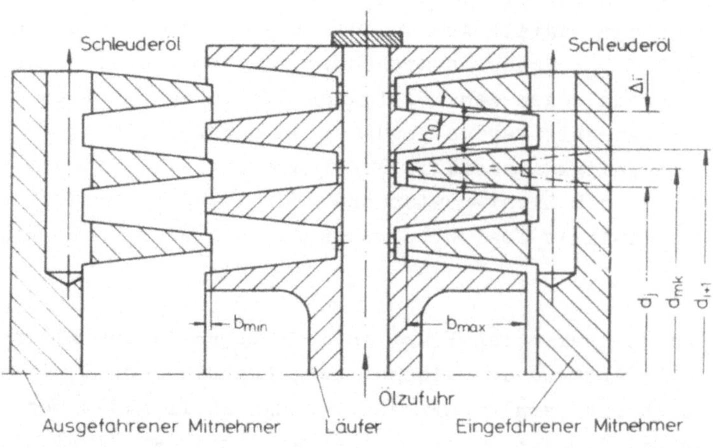

<u>Bild 3/15</u>:   Zuordnung der ausgelenkten Mitnehmer zum Läufer

Dabei wurde bezüglich des inneren und äußeren Ringspaltes eines Mitnehmerzylinders für $d_j^3 + d_{j+1}^3 = 2 d_{mk}^3$ gesetzt; ferner wurde die Trapezform der Einstiche vernachlässigt.

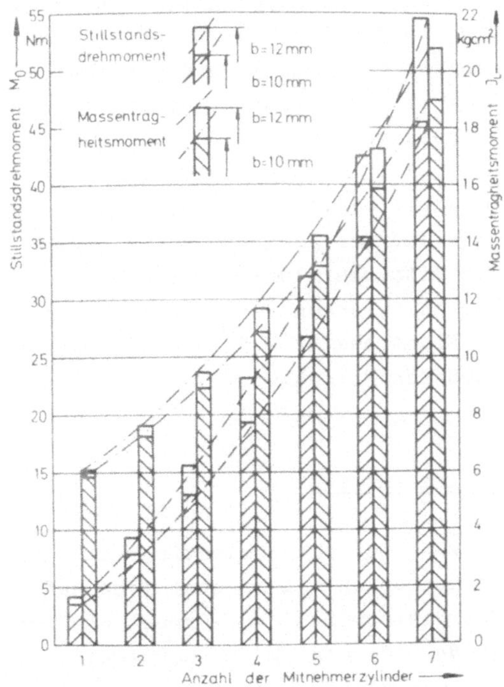

Bild 3/16:

Stillstandsdreh-
moment und Massen-
trägheitsmoment
des Mehrzylinder-
Kupplungsantriebs

<u>Bild 3/16</u> zeigt die Stillstandsdrehmomente sowie die Massenträgheitsmomente des Läufers und der Läuferwelle als Funktion der Anzahl der Mitnehmerzylinder. Der mittlere Durchmesser des Mitnehmerzylinders 1 wurde d_m = 95 mm gewählt. Das Massenträgheitsmoment der Läuferwelle ist mit einem konstanten Anteil von 1,72 kg cm^2 enthalten. Die Werte für die Stillstandsdrehmomente machen deutlich, daß ein mittlerer Durchmesser kleiner als (90...95) mm nicht sinnvoll ist. Außerdem müßte bei kleinerem Durchmesser auch die Höhe des Einstechmeißels unter 8 mm verringert werden. Das Bild zeigt ferner, wie sich die Stillstandsdrehmomente und die

Massenträgheitsmomente bei einer Vergrößerung der Eintauchtiefe auf b = 12 mm ändern. Die der Eintauchtiefe proportionale Drehmomentzunahme beträgt 20 %, so daß bei 6 Mitnehmerzylindern das gewünschte Stillstandsdrehmoment M_0 = 40 N m
erreicht wird. Bedingt durch die konstanten Anteile beträgt
die Zunahme des Massenträgheitsmomentes dagegen nur knapp
10 %. Das Massenträgheitsmoment des Läufers und der Läuferwelle ist damit J_L = 17,3 kg cm^2. Für eine günstige Ölstromverteilung in die beiden Kupplungen (Kap. 3.6.) wird die
maximale Eintauchtiefe b_{max} = 12,5 mm und die minimale
b_{min} = 0,5 mm gewählt. Die Amplitude der Mitnehmerauslenkung beträgt somit x_0 = 6 mm. Bei gleicher Einstichgeometrie im Läufer und in den Mitnehmern sowie bei einer
Schneidenbreite des Einstechmeißels von 1,5 mm wird der radiale Abstand benachbarter Einstiche Δr = 3,34 mm und der
mittlere Durchmesser des äußeren Mitnehmerzylinders 128,40 mm.

3.6. <u>Ölversorgung des Kupplungsantriebs</u>

Neben der Drehmomentübertragung ist die Wärmeabfuhr aus den
beiden viskohydraulischen Kupplungen eine wesentliche Aufgabe des Hydrauliköles. Der Ölstrom muß dem Wärmestrom angepaßt werden, um eine zu große Ölerwärmung und damit einen
zu großen Viskositätsabfall des Öles zu vermeiden. Wie in
Bild 2/12 für die Bauform g) gezeigt, ist bei der Auslenkung
x = 0 der abzuführende Wärmestrom $\Phi|_{x=0}$ = 0,5 $P_{M\,max}$. Mit
den in Kap. 3.5. gewählten Daten M_0 = 40 N m und
n_A = 1200 min^{-1} wird die maximale Antriebsleistung
$P_{M\,max}$ = 5030 N m/s = 5030 J/s und damit $\Phi|_{x=0}$ = 2515 J/s
(= 2160 kcal/h). Obwohl der abzuführende Wärmestrom bei
einer Auslenkung $0 < x \leq |x_0|$ und blockiertem Läufer
(n_L = 0) größer ist, ist es trotzdem sinnvoll, den Ölstrom
für $\Phi|_{x=0}$ zu dimensionieren. Denn dieses Blockieren wird -
insbesondere bei großen Auslenkungen - im normalen Betrieb nur kurzzeitig geschehen. Zudem erwärmt sich das Öl
hierbei stärker, wodurch der abgeführte Wärmestrom ver-

größert wird und gleichzeitig die Viskosität und damit das
Drehmoment sowie die Antriebsleistung abnehmen.

Für den durch den Ölstrom $\dot{m}$ abzuführenden Wärmestrom Φ gilt:

$$\Phi = \dot{m}\ c\ \Delta t$$

$$= \dot{V}\ \rho\ c\ \Delta t \qquad\qquad (3\text{-}6)$$

Bei einer Ölstromerwärmung Δt = 15 K und einer spezifischen
Wärmekapazität des Uconöles LB-1800-X c = 1890 J/kg K sowie
einer Dichte ρ = 1004 kg/m^3 (Tabelle 3.3) ist der erforderliche Ölstrom $\dot{V}$ = 0,885$\cdot$10^{-4} m^3/s = 5,3 l/min. Durch die
Verwendung einer Zahnradpumpe mit $\dot{V}_K$ = 6 l/min wird die Ölstromerwärmung Δt = 13,3 K. Bei dem ursprünglich vorge-
sehenen Silikonöl AK 500 wäre die Erwärmung Δt = 18,6 K.

Im folgenden wird die Verteilung des Ölstromes in die beiden Kupplungen in Abhängigkeit von der Mitnehmerauslenkung x/x_0 sowie der erforderliche Druck für die Durchströmung des Antriebs ermittelt. Diese Berechnungen erfolgen
auf den Grundlagen für laminare Strömungen, da - wie
in [6, S. 92] gezeigt wurde - die Strömung in den Ring-
spalten der Kupplungen laminar ist und gleichzeitig die
Reynolds'schen Zahlen Re für sämtliche Bohrungen in der Läuferwelle und im Läufer kleiner als 36 sind. Diese Reynolds'sche Zahl dient zur Beurteilung eines Strömungszustan-
des. Für ein kreisrundes Rohr lautet sie [33, S. 27]:

$$Re = \frac{v_m\ d\ \rho}{\eta} \qquad\qquad (3\text{-}7)$$

Glatte Rohre bzw. Bohrungen haben eine kritische Reynolds'sche Zahl Re_{kr} = 2000...2300. Für Reynolds'sche
Zahlen unter Re_{kr} ist die Strömung laminar und darüber tur-
bulent.

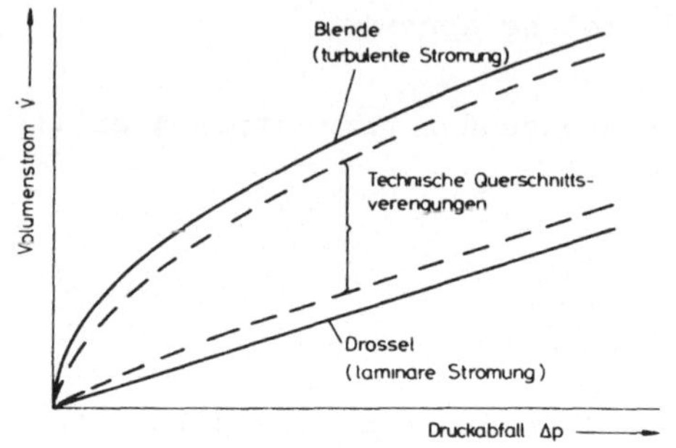

Bild 3/17:

Kennlinien idealer
und technischer
Strömungswiderstän-
de, nach [34]

Für den Druckabfall bei laminarer Rohrströmung gilt
[33, S. 40]:

$$\Delta p_R = \frac{8 \dot{V} \eta \, l}{\pi \, r^4} \qquad (3\text{-}8)$$

und für die laminare Spaltströmung:

$$\Delta p_{Sp} = \frac{12 \dot{V} \eta \, l}{b \, h^3} \qquad (3\text{-}9)$$

Wie __Bild 3/17__ qualitativ zeigt, liegen die Druckabfälle bei
technischen Querschnittsverengungen zwischen denen für Blen-
den und Drosseln [34]. Die Rechnung mit den Formeln für laminare Strömungen liefert somit etwas zu große Werte, man
liegt also auf der sicheren Seite.

Der Ölstrom $\dot{V}_K$ durch den Kupplungsantrieb muß im wesentlichen die drei festen Drosseln I...III der Bohrungen und
die variablen Drosseln IV_1 und IV_2 der beiden Kupplungen
passieren (__Bild 3/18__). Bei einer Ölzuführung nach Ausführung a) ergibt sich in Abhängigkeit von der Mitnehmeraus-
lenkung x/x_0 eine Ölstromverteilung $\dot{V}_{1\,a}$ und $\dot{V}_{2\,a}$ in die
beiden Kupplungen sowie ein gesamter Druckabfall Δp_a im

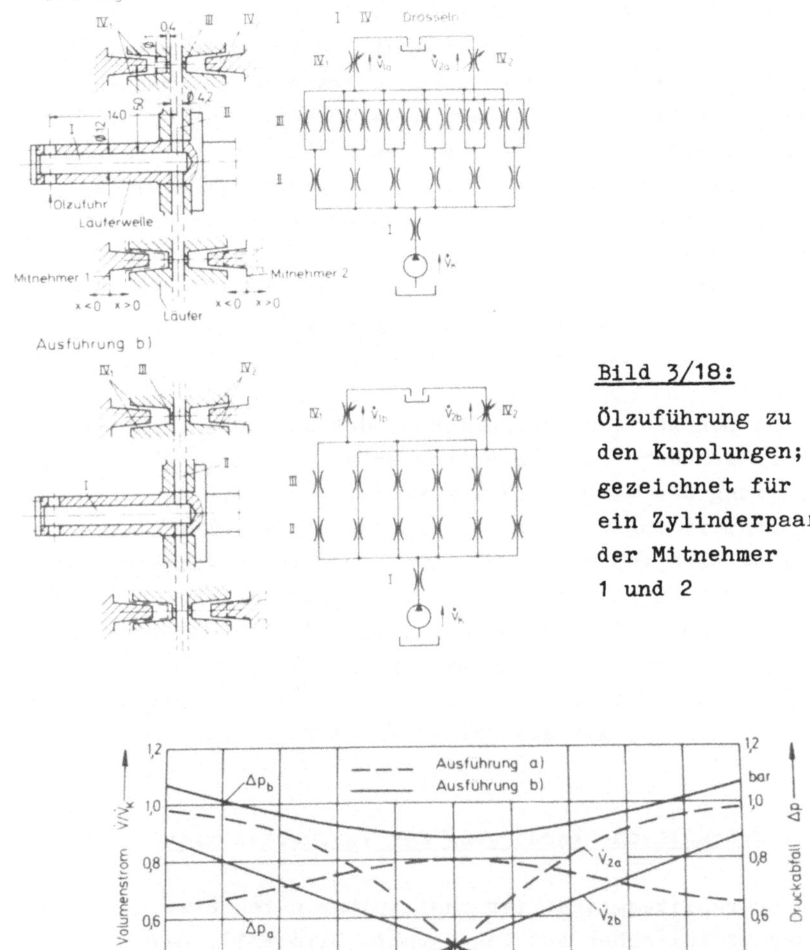

Bild 3/18:

Ölzuführung zu
den Kupplungen;
gezeichnet für
ein Zylinderpaar
der Mitnehmer
1 und 2

Bild 3/19: Ölstromverteilung und Druckabfall im Antrieb für
die Ausführungen a) und b) nach Bild 3/18

Kupplungsantrieb nach <u>Bild 3/19.</u> Der Einfluß der Fliehkraft
auf die Ölströmung in der Drossel II wurde dabei vernachlässigt, da der von der Fliehkraft herrührende Druck auf
den äußeren Verschlußring des Läufers auch bei maximaler
Leerlaufdrehzahl des Läufers $n_0 = 1200 \ min^{-1}$ kleiner als
0,32 bar ist. Ebenso bleiben eventuelle Ausgleichsströme
durch die Läuferausfräsungen unberücksichtigt sowie der
minimale Druckabfall zwischen den Drosseln III und IV.
Während die Ölstromverteilung von der Viskosität unabhängig
ist, wurde für die Berechnung des Druckabfalles, um auf der
sicheren Seite zu liegen, eine dynamische Viskosität
$\eta = 0,35 \ Pa \ s$ zugrunde gelegt.

Da bei den Leerlaufdrehzahlen n_1 des Antriebs in beiden
Kupplungen derselbe Wärmestrom anfällt (Gl. 2-10) und bei
Belastung der Wärmestrom der weiter eingetauchten Kupplung
(Mitnehmer) sogar vergrößert wird, ist die Ölstromver-
teilung nach Ausführung a), trotz der guten Wärmeleitfähig-
keit der Aluminiumlegierung, nicht befriedigend. Durch eine
andere Kombination der Drosseln II und III (Bild 3/18 Aus-
führung b) kann das Ölstromverhältnis $\dot{V}_{1b}$ und $\dot{V}_{2b}$
(Bild 3/19) erheblich verbessert werden; ein etwas höherer
Druckabfall Δp_b muß allerdings in Kauf genommen werden.

3.7. <u>Hydraulische Versorgung des Versuchsantriebs</u>

Das Hydraulikaggregat ist unmittelbar neben bzw. unter den
viskohydraulischen Antrieb gebaut (Bild 6/1). Dadurch erreicht man kurze Leitungswege und einen direkten Rücklauf
des Kupplungsöles in den Hydraulikbehälter.

Das Hydraulikaggregat enthält drei getrennte Ölkreisläufe,
den Kupplungs-, Kühl- und Steuerkreislauf (<u>Bild 3/20</u>). Der
Aufbau wurde so gewählt, daß die für den Versuchsbetrieb
nötige Flexibilität sowie die Möglichkeit einzelne Elemente
und Funktionen unabhängig voneinander zu untersuchen vorhanden ist.

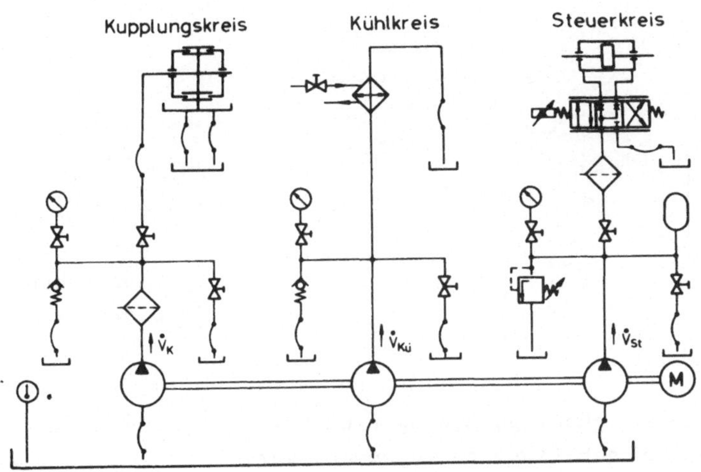

Bild 3/20: Hydraulikplan des viskohydraulischen Antriebs

Die drei Zahnradpumpen sind in einer Einheit zusammengefaßt.
Wegen der - insbesondere im kalten Zustand - hohen Ölviskosität sind sie tiefer als der minimale Ölstand (Ölzu-
lauf) neben den Behälter montiert. Die Systemdrücke sind
(1,2...1,5) bar beim Kupplungskreis (Kap. 3.6.), (6...8) bar
beim Kühlkreis und 90 bar beim Steuerkreis (Kap. 5.2.1 und
6.2.1.). Im Steuerkreis ist für die Einstellung des System-
druckes ein Druckbegrenzungsventil eingebaut, während in
den beiden anderen Kreisläufen die federbelasteten Rück-
schlagventile die Funktion von Sicherheitsventilen haben.
Der Kupplungskreis enthält ein 15 µm Filter und der Steuerkreis vor dem elektrohydraulischen Servoventil ein 10 µm
Filter sowie einen Druckspeicher. Zur Kontrolle der Öl-
ströme auf ungelöste Lufteinschlüsse (Luftblasen), wurden
mehrere Klarsicht-Schlauchverbindungen - teilweise mit
Gewebearmierung je nach Druck und Temperatur - eingesetzt.

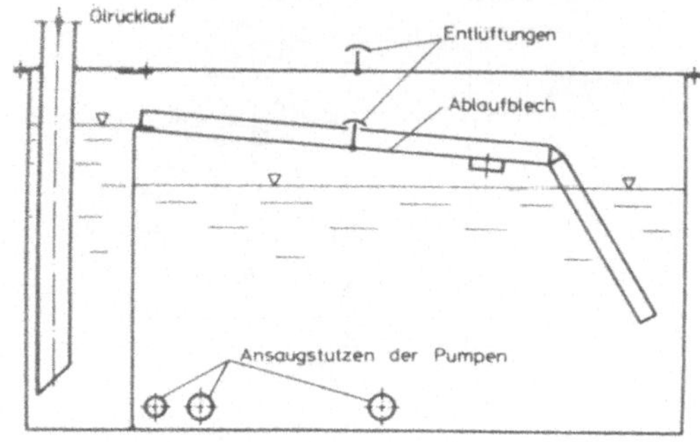

Bild 3/21:

Hydraulikbehälter des viskohydraulischen Antriebs

Um möglichst günstige Bedingungen für die Ölberuhigung und Luftblasenabscheidung zu bekommen, wurde der Hydraulikbehälter entsprechend <u>Bild 3/21</u> ausgebildet. Sämtliche Ölrückläufe sind in die linke Kammer geführt, dort steigt das Öl hoch und strömt über das Ablaufblech herunter. Auf diese Weise wird ein luftblasenfreies Ansaugen der Zahnradpumpen erreicht.

Zur Aufheizung des Öles im Hydraulikbehälter auf 40 °C Betriebstemperatur läßt man das Öl der Steuerkreispumpe über das Druckbegrenzungsventil abströmen. Bei einer Öltemperatur im Behälter über 42 °C wird manuell die Wasserkühlung eingeschaltet, denn Voruntersuchungen ergaben, daß die Wärmestromabgabe des Antriebs und des Hydraulikaggregates durch Strahlung und Konvektion nicht ausreichend ist.

4. Ermittlung der Daten zur Auslegung des Steuersystems

In den beiden vorhergehenden Kapiteln wurde der Aufbau und
die Dimensionierung des viskohydraulischen Kupplungsantriebs
beschrieben. Die Reaktionsschnelligkeit des gesamten viskohydraulischen Antriebs wird nun entscheidend von dem dynamischen
Verhalten des Steuersystems bestimmt, das die beiden Mitnehmer und die Hülse bewegt. Aufschluß über die Dynamik eines
Systems liefern z.B. Frequenzganguntersuchungen. Hierbei
wird das System sinusförmig mit ansteigender Frequenz er-
regt und das Ausgangssignal im eingeschwungenen Zustand mit
dem sinusförmigen Eingangssignal verglichen. Um den viskohydraulischen Versuchsantrieb auch bezüglich der Dynamik
mit den Gleichstrommotoren vergleichen zu können, wurde die
Kennfrequenz für die Auslenkbewegung der Mitnehmer bei maximaler Amplitude x_0 = 6 mm f_0 = 20 Hz gewählt.

Als Stellglied für diese Auslenkbewegungen bietet sich insbesondere der Kolbenantrieb an, der beispielsweise durch
ein elektrohydraulisches Servoventil angesteuert wird.
Weitere Möglichkeiten der Ansteuerung des Kolbenantriebs
werden in Kap. 5.2.2. diskutiert. Bei der Kombination Servo-
ventil-Kolbenantrieb ist die Geschwindigkeit des Kolbens
v_K bei konstanter Last dem durch das Servoventil fließenden
elektrischen Strom i (nahezu) proportional. Zwischen der
Kolbenauslenkung x_K und dem Strom i besteht also ein inte-
grales Verhalten. Für ein proportionales Verhalten $x_K \sim i$
ist somit eine Wegrückführung der Auslenkung des Kolbens
bzw. der Mitnehmer erforderlich, ähnlich wie bei der Wegrückführung des Hauptsteuerkolbens bei zwei- und mehr-
stufigen Servoventilen [35...42].

Bei einem Servoventil mit Druck-Volumenstrom-Kennlinien nach
Bild 4/1 a) (Durchfluß-Servoventil) kann dies durch eine
elektrische Rückführung der Kolbenauslenkung erfolgen.
Dabei wird der Weg des Kolbens gemessen und eine Lageregelung des Kolbens vorgenommen. Hat das Servoventil

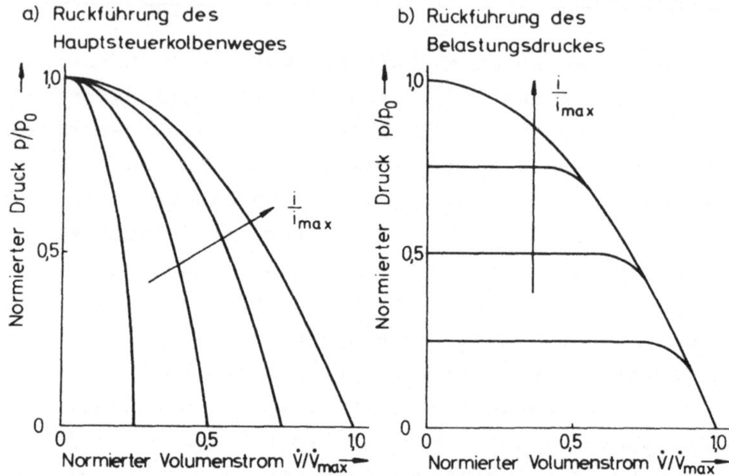

Bild 4/1: Druck-Volumenstrom-Kennlinien zweistufiger elektro-
hydraulischer Servoventile mit verschiedenen Rück-
führungen, nach [36, 37, 39]

Druck-Volumenstrom-Kennlinien nach **Bild 4/1 b)** (Druck-
Servoventil) kann auch eine manometrische Rückführung gewählt werden, bei welcher der Kolben beidseitig durch Federn gefesselt ist. Der Weg des Kolbens ist damit proportional dem vom Servoventil erzeugten Druck und somit proportional i. Durch diese Wegrückführungen entstehen schwingungs-
fähige Gebilde (Verzögerungsglieder 2. Ordnung), wie dies
bei der manometrischen Rückführung besonders evident ist.

Da die oben beschriebenen Wegrückführungen im Prinzip gleich-
wertig sind, werden im folgenden die Daten des Steuersystems
für den viskohydraulischen Antrieb mit manometrischer Wegrückführung der Mitnehmerauslenkung bestimmt; denn hier ist
eine klare Trennung zwischen der Last (Bewegung der Mitnehmer) und dem Steuersystem vorhanden.

4.1. <u>Last-Ortskurven-Diagramm</u>

Für die Auslegung des Steuersystems müssen die Kräfte, die
bei der Auslenkung bzw. Bewegung der beiden Mitnehmer -
im folgenden auch Last genannt - auftreten, bestimmt werden. Man bedient sich hierfür vorteilhaft des in [43, 2. Bd.
S. 20 ff.] aufgeführten Last-Ortskurven-Diagramms, das für
eine vorgegebene Bewegung der Last die erforderliche
Kraft F bei der jeweiligen Geschwindigkeit v darstellt.
Diese Last-Ortskurven ermöglichen auch für jede Bewegungs-
phase eine Leistungsbestimmung, einschließlich des Leistungs-
maximums.

Für die drei Sonderfälle der ausschließlich masse-, feder-
kraft- und reibungsbedingten Last werden nun die Last-Ortskurven bei sinusförmiger Bewegung bestimmt. Bei einer Amplitude x_0 und der Frequenz $f = \omega/2\pi$ gilt für diese Bewegung:

$$
\begin{aligned}
x &= x_0 \sin 2\pi f\, t = x_0 \sin \omega t \\
\dot{x} &= v = x_0\, \omega \cos \omega t \\
\ddot{x} &= a = -x_0\, \omega^2 \sin \omega t
\end{aligned}
\tag{4-1}
$$

Mit dem Ansatz für die Trägheitskraft der Masse m:

$$
F_T = - m\, a = - m\, \ddot{x}
\tag{4-2}
$$

und Gl. (4-1), erhält man für die Last-Ortskurve der masse-
bedingten Last die Ellipsengleichung:

$$
\frac{F_T^{\,2}}{(m x_0\, \omega^2)^2} + \frac{v^2}{(x_0\, \omega)^2} = 1
\tag{4-3}
$$

Für die federkraftbedingte Last mit der Federrate c gilt:

$$F_F = - c \, x \qquad\qquad (4\text{-}4)$$

Daraus folgt zusammen mit Gl. (4-1) für die Last-Ortskurve ebenfalls eine Ellipsengleichung:

$$\frac{F_F^{\,2}}{(cx_0)^2} + \frac{v^2}{(x_0\,\omega)^2} = 1 \qquad\qquad (4\text{-}5)$$

Die Ellipsenhalbachse cx_0 der Kraftkoordinate ist von der Frequenz unabhängig.

Für die viskose, d.h. geschwindigkeitsproportionale Reibung mit der Konstanten d_R (in der Schwingungslehre Dämpfungs-

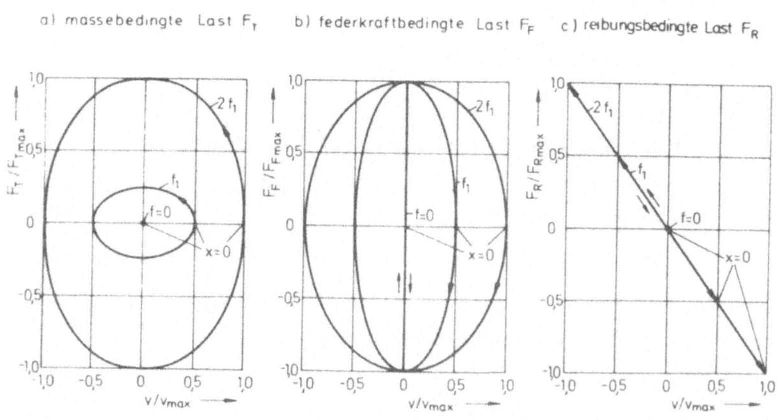

Bild 4/2: Last-Ortskurven für die masse-, federkraft- und reibungsbedingte Last

konstante genannt) gilt:

$$F_R = - d_R \, v \tag{4-6}$$

Die Last-Ortskurve ist hier eine Gerade.

Bild 4/2 zeigt qualitativ die Last-Ortskurven für diese drei
Sonderfälle für die Frequenzen $f = 0$, f_1 und $2\,f_1$. Die Last-
Ortskurven für die Lasten mit reiner Energiespeicherung
(Masse oder Feder) ergeben geschlossene Kurven mit gleichen
Flächen in den vier Quadranten. Die Umlaufrichtungen sind je-
doch verschieden. Das ist verständlich, denn im Resonanz-
fall heben sich diese Kräfte ja gerade auf.

Bei der Dimensionierung des Steuersystems muß dessen Kennlinie diejenige der Last vollständig umschließen. Die Fläche
zwischen den Kurven des Steuersystems und der Last soll jedoch
möglichst klein sein, um eine unwirtschaftliche Überdimensio-

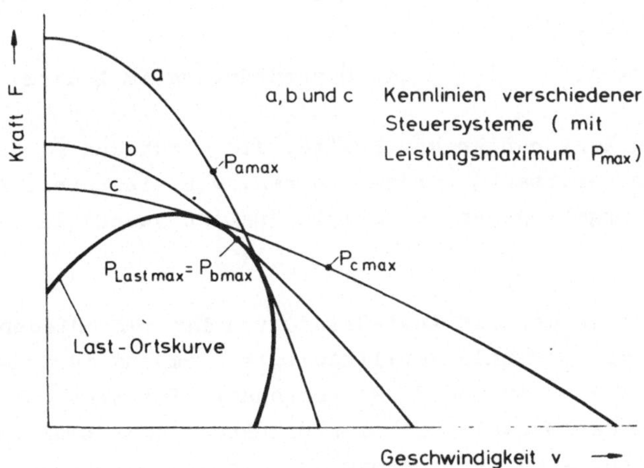

Bild 4/3:   Last-Ortskurve und Kennlinien verschiedener
Steuersysteme, nach [43]

nierung zu vermeiden. Günstig ist, wenn die Kurve des Steuersystems die Last-Ortskurve möglichst im Punkte des maximalen Leistungsbedarfs berührt, und insbesondere auch das Steuersystem hier sein Leistungsmaximum hat. Bild 4/3 zeigt nach [43], wie für eine beliebige Last-Ortskurve bei parabelförmigen Steuerkennlinien das Steuersystem b durch die richtige Wahl der Parameter optimal angepaßt wurde. Der maximale Leistungsbedarf $P_{Last\ max}$ und das maximale Leistungsangebot des Steuersystems b $P_{b\ max}$ fallen hierbei zusammen.

4.2. Last-Ortskurven der Mitnehmerbewegung

Wie bei den meisten realen Lasten sind auch bei der Mitnehmerbewegung verschiedenartige (axiale) Kräfte zu überwinden. Es sind dies insbesondere die:

Massenträgheitskraft F_T;

Kraft der Rückführfedern F_F;

Spaltreibungskraft F_{Sp} zwischen den Zylindern des Läufers und der Mitnehmer;

Druckkraft F_D durch die Ölverdrängung im Läufer.

Die axialen Komponenten der Kräfte, die durch das Öl in den Keilspalten verursacht werden, können, wie eine überschlägige Berechnung ergab, gegenüber obigen Kräften vernachlässigt werden.

Im folgenden werden die Last-Ortskurven der verschiedenen Kräfte für die maximale Amplitude $x_0 = 6$ mm und für die Frequenzen f = 0, 10 und 20 Hz berechnet. Bei Kräften, die in Richtung der Mantellinien der Mitnehmer-oder Läuferzylinder wirken, wird der Kosinuswert des Neigungswinkels von $1,15^0$ dieser Mantellinien gleich 1 gesetzt.

4.2.1. Last-Ortskurven der Massenträgheitskraft

Bei der Auslenkung der Mitnehmer müssen auch die Hülse, die
Mitnehmerträger, die Bolzen der Kugelführungen, das Hebel-
system (Kap. 5.1.) usw. mitbewegt werden. Entsprechend
Gl. (4-3) ergibt sich bei einer Masse m = 3,2 kg eine Last-
Ortskurve für die Massenträgheitskraft F_T nach Bild 4/7. In
diesem Bild sind die Last-Ortskurven der verschiedenen
Kräfte einzeln aufgezeichnet, um so quantitative Vergleiche
zu erleichtern.

4.2.2. Last-Ortskurven der Kraft der Rückführfedern

Für die Last-Ortskurve der Kraft der Rückführfedern gilt
Gl. (4-5). Für eine gute Stabilität des Feder-Masse-
Schwingers (bestehend aus der Masse m = 3,2 kg und den Rückführfedern) sollte die Eigenfrequenz und damit die resultierende Federrate c_F der Rückführfedern möglichst hoch
sein. Dadurch ergeben sich jedoch hohe Steuerkräfte. Bei
einer aus diesen Gründen gewählten Kennfrequenz des unge-
dämpften Schwingers f_0 = 25 Hz wird die Federrate der Rückführfedern c_F = 78,7 N/mm. Für die durch Spaltreibung und
Ölverdrängung gedämpfte Eigenschwingung erhält man eine
Frequenz f_d = 24,5 Hz. Die Last-Ortskurven für die Kraft
der Rückführfedern F_F zeigt ebenfalls Bild 4/7.

4.2.3. Last-Ortskurven der Spaltreibungskraft

Die Spaltreibungskraft entsteht bei der axialen Relativ-
bewegung zwischen den Zylindern der beiden Mitnehmer und
des Läufers. Während bei dem viskohydraulischen Kupplungsantrieb mit Rechtecklamellen nach [6, S. 91] der Quotient
aus Spaltreibungskraft F_{Sp} und Mitnehmer-Auslenkgeschwindigkeit v_M:

$$\frac{F_{Sp}}{v_M} = -\pi\,\eta\;\frac{2\,(x_0+b_{min})}{h_0}\;\sum_{j=1}^{N} d_j \qquad\qquad (4-7)$$

konstant ist, erhält man für die trapezförmigen Lamellen durch die Abhängigkeit der Spalthöhe $h = f(x)$:

$$\frac{F_{Sp}}{v_M} = -\frac{\pi\,\eta}{h_0}\left(\frac{x_0+x+b_{min}}{2-\dfrac{x}{x_0}} + \frac{x_0-x+b_{min}}{2+\dfrac{x}{x_0}}\right)\sum_{j=1}^{N} d_j \quad (4-8)$$

Für $b_{min} = 0,5$ mm (Kap. 3.5.), $\eta = 0,35$ Pa s (Kap. 3.6.) und $\Sigma\,d_j = 2\,\Sigma\,d_{mk} = 1,34$ m (Bild 3/15) zeigt __Bild 4/4__ die Verläufe F_{Sp}/v_M nach Gl. (4-7) und Gl. (4-8) über der Auslenkung x/x_0. In dem Bild sind auch die Anteile des linken bzw. rechten Mitnehmers dünn eingezeichnet. Durch die trapezförmigen Einstiche wird die Spaltreibungskraft für

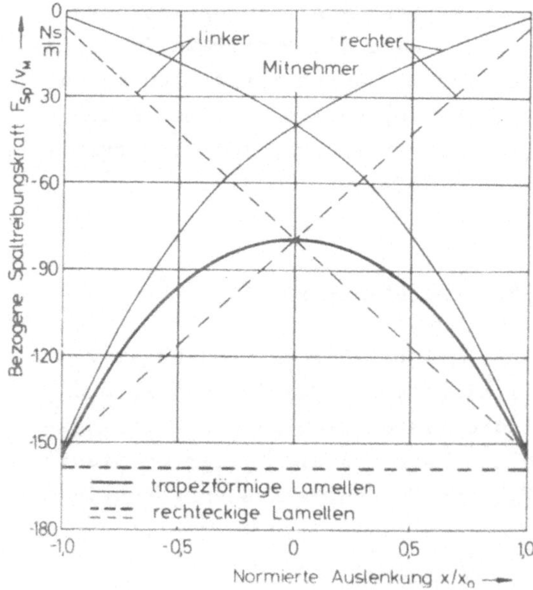

__Bild 4/4:__

Bezogene Spaltreibungskraft in Abhängigkeit von der Auslenkung

$v_{M\,max}$ bei $x/x_0 = 0$ auf die Hälfte reduziert. Wie sich dies bei den Last-Ortskurven auswirkt, zeigt Bild 4/7.

4.2.4. Last-Ortskurven der Druckkraft

Diese Druckkraft entsteht bei der axialen Mitnehmerbewegung durch die Verdrängung des Öles von der einen Läuferseite zur anderen. Der Läufer ist hierfür mit 18 möglichst großen Ausfräsungen versehen worden (Bild 4/5).

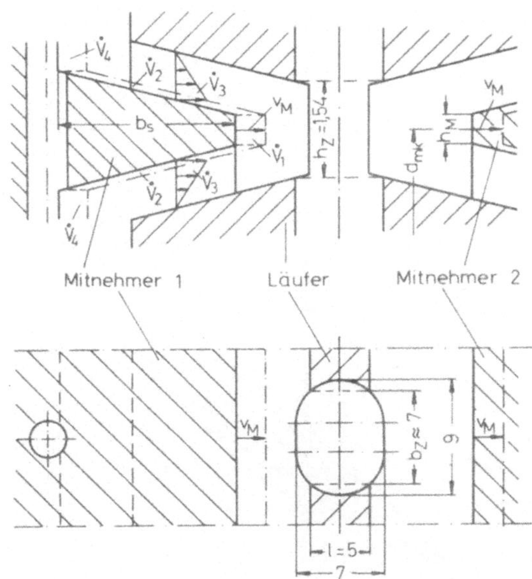

Bild 4/5:

Läuferausfräsung und Volumenströme bei der Mitnehmerbewegung

Die durch die Mitnehmerbewegung verursachte Ausgleichsströmung im Läufer setzt sich, wie Bild 4/5 ebenfalls zeigt, im ungünstigsten Fall aus den drei Komponenten $\dot{V}_1$ und $\dot{V}_2$ durch die Ölverdrängung sowie $\dot{V}_3$ durch die Schleppströmung zusammen, während die verdrängten Volumen $\dot{V}_4$ durch die Abflußbohrungen im Mitnehmer abfließen. Der von einem Mitnehmerzylinder herrührende Ausgleichsvolumenstrom $\dot{V}_Z$ ist also:

$$\dot{V}_Z = \dot{V}_1 + 2\,\dot{V}_2 + 2\,\dot{V}_3 \qquad (4-9)$$

Hierfür kann näherungsweise auch geschrieben werden:

$$\dot{V}_Z = \pi\, d_{mk}\, v_M \left[h_M + 2 \cdot 0,02\, b_S + h_0 \left(2 - \frac{x}{x_0}\right)\right] \quad (4-10)$$

Die mittlere Strömungsgeschwindigkeit in den Läuferausfräsungen ist somit:

$$v_Z = \frac{\dot{V}_Z}{18\, S_Z} \qquad (4-11)$$

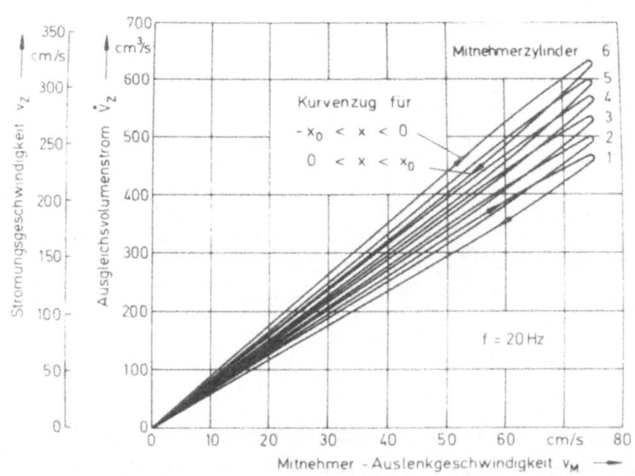

Bild 4/6: Ausgleichsvolumenstrom und Strömungsgeschwindigkeit in den Läuferausfräsungen über der Mitnehmer-Auslenkgeschwindigkeit nach Gl. (4-10) und Gl. (4-11)

<u>Bild 4/6</u> zeigt für die Mitnehmerzylinder 1 bis 6 die Ausgleichsvolumenströme $\dot{V}_Z$ sowie die mittlere Strömungsgeschwindigkeit v_Z in den Läuferausfräsungen bei $f = 20$ Hz in Abhängigkeit von der Mitnehmer-Auslenkgeschwindigkeit v_M. Die Mitnehmer bewegen sich dabei von $-x_0$ ($v_M = 0$) über 0 ($v_M = v_{M\ max}$) nach $+x_0$ ($v_M = 0$). Der lanzettformähnliche Verlauf der Kurven entsteht durch die von der Spalthöhe h abhängigen Schleppströmung. Für die Mitnehmerbewegung von $+x_0$ nach $-x_0$ ($v_M \leqq 0$) sind die Vorzeichen jeweils negativ. Bei einer Frequenz $f = 10$ Hz werden die Werte $\dot{V}_Z$, v_Z und v_M halbiert.

Bild 4/6 zeigt auch, daß es für die Bestimmung der Last-Ortskurven genügt, nur für den "mittleren" Mitnehmerzylinder (zwischen dem 3. und 4.) den Ausgleichsvolumenstrom sowie den Druckabfall zu berechnen und diesen Druck mit der Stirnfläche der 6 Mitnehmer zu multiplizieren, zumal sich innerhalb der Ausfräsungen die Druckunterschiede ausgleichen können.

Da auch diese Ausgleichsströme laminar sind [6, S. 92], gilt Gl. (3-9) für die Spaltströmung:

$$\Delta p_{Sp} = \frac{12\ \dot{V}\ \eta\ l}{b\ h^3}$$

Für die Berechnung der Last-Ortskurven wird die Annahme getroffen, daß sich die laminare Strömung nur in den in Bild 4/5 gestrichelt gezeichneten Läuferspalten mit den Maßen $h_Z = 1{,}54$ mm, $b_Z \approx 7$ mm und $l = 5$ mm ausbildet. Eine differenzierte Untersuchung der Ausgleichsströmung, welche die verschiedenen Querschnittsänderungen zwischen der linken und der rechten Läuferseite berücksichtigte, ergab - wie erwartet - etwa 3 % geringere Drücke und Druckkräfte, so daß man mit dieser vereinfachten Berechnung auf der sicheren Seite liegt.

Wird nun für den oben erwähnten "mittleren" Mitnehmerzylinder mit dem Durchmesser d_m der erforderliche Druck zur Durchströmung der Läuferausfräsungen berechnet und dieser mit der wirksamen Stirnfläche der 6 Mitnehmerzylinder $\pi (h_M + 0{,}04\, b_S)\, \Sigma\, d_{mk}$ multipliziert, so erhält man die Gleichung dieser Last-Ortskurve:

$$\frac{F_D}{v_M} = -\frac{2\,\pi^2\eta\,1\,d_m}{3\,b_Z\,h_Z^{\,3}}\,(h_M + 0{,}04 b_S)\left[h_M + 0{,}04 b_S + h_0\left(2 - \frac{x}{x_0}\right)\right]\sum_{k=1}^{N/2} d_{mk}$$

$$(4\text{-}12)$$

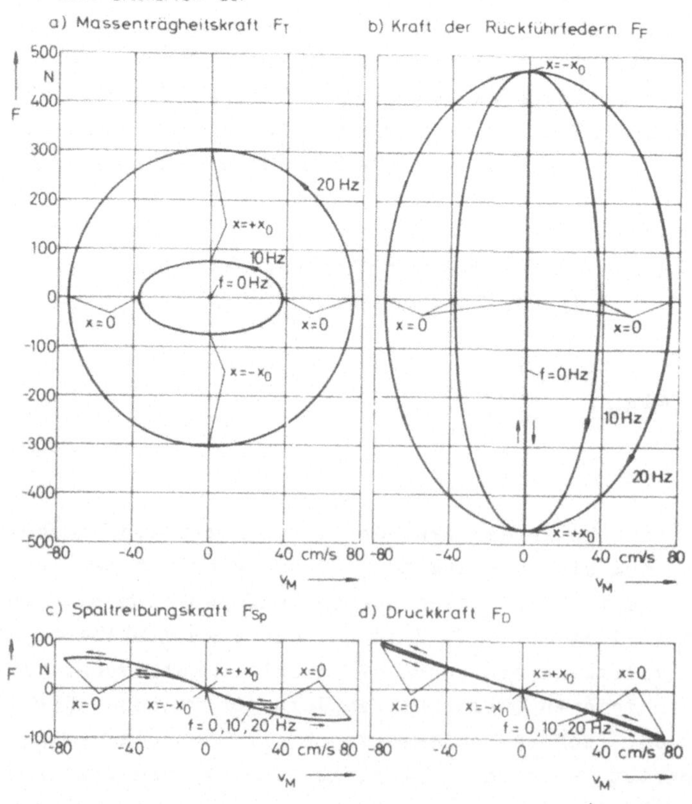

<u>Bild 4/7</u>: Last-Ortskurven der Massenträgheits-, Rückführ-
federn-, Spaltreibungs- und Druckkraft

dabei ist $\Sigma \, d_{mk}$ für die 6 Mitnehmerzylinder 0,67 m und d_m des "mittleren" Zylinders 0,112 m. Diese Last-Ortskurven sind ebenfalls in Bild 4/7 dargestellt. Bei 20 Hz und maximaler Mitnehmergeschwindigkeit ist die Druckkraft 97 N und der maximale Druck 25 100 N/m^2 = 0,251 bar.

4.2.5. Resultierende Last-Ortskurven

Bild 4/7 zeigt durch die getrennte Darstellung der 4 Last-Ortskurven den Verlauf und die Größe der einzelnen Kräfte sehr anschaulich. Insbesondere die Federkraft F_F dominiert; sie ist auch als einzige Kraft bei der Frequenz f = 0 und x ≠ 0 vorhanden. Für die industrielle Ausführung des viskohydraulischen Antriebs wird man deshalb die axialbewegten Massen möglichst verringern (Kap. 7.), um auch die Federkräfte entsprechend reduzieren zu können.

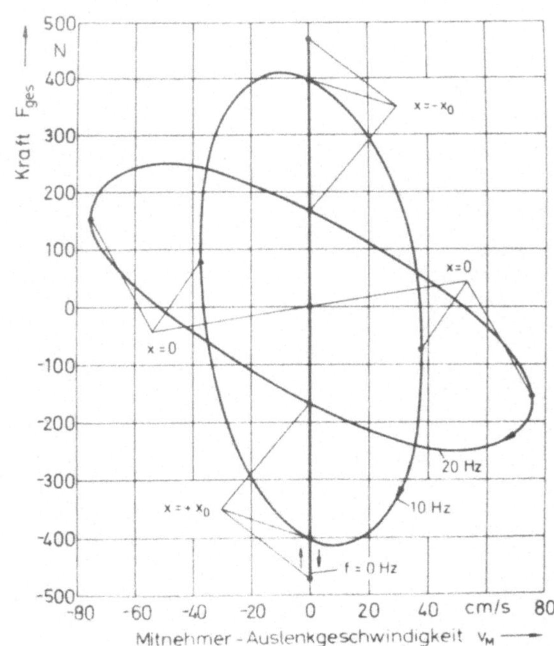

Bild 4/8:

Resultierende Last-Ortskurven der Mitnehmerbewegung für verschiedene Frequenzen, nach Bild 4/7

Durch Addition der einzelnen Last-Ortskurven erhält man die
resultierenden Last-Ortskurven bei der sinusförmigen Mitnehmerbewegung für die Frequenzen f = 0, 10 und 20 Hz
(<u>Bild 4/8</u>). Bei niedrigen Frequenzen überwiegt der Anteil
der Rückführfedern, während im Bereich der Kennfrequenz
(f_0 = 25 Hz) sich die Massen- und Federkräfte gegenseitig
aufheben und nur die Spaltreibungs- und Druckkräfte übrig-
bleiben würden.

5. Auslegung des Steuersystems

5.1. Anordnung und Dimensionierung des Kolbenantriebs

In Kap. 4. wurden die Last-Ortskurven für die sinusförmige
Mitnehmerbewegung bestimmt, um das Steuersystem auslegen zu
können. Für die Auslenkung der Hülse mit den beiden Mitnehmern bietet sich, wie im vorherigen Kapitel bereits erwähnt, insbesondere der Kolbenantrieb an. Dieser kann z.B.
durch ein elektrohydraulisches Servoventil oder ein visko-
hydraulisches Pumpen-Drosseln-System nach [6] angesteuert
werden.

Um für den Kolbenantrieb des Versuchsantriebs keine teure
Sonderanfertigung verwenden zu müssen, kleine Bauelemente zu
haben und zudem den Kolbendurchmesser variieren zu können,
wurden hierfür Pumpenelemente von Einspritzpumpen für Diesel-
motoren gewählt. Für die ausgesuchte Pumpengröße gibt es
– bei gleichen äußeren Abmessungen der Elementbüchse –
Kolbendurchmesser von 5,5 bis 9,5 mm, so daß es während des
Versuchs möglich gewesen wäre, ohne konstruktive Änderungen
der Umbauteile, Pumpenelemente mit verschiedenen Kolbendurch-
messern einzusetzen.

Für die Anordnung der Kolbenantriebssysteme sind folgende
Gesichtspunkte zu berücksichtigen. Die Auslenkkräfte sollten
an zwei gegenüberliegenden Punkten der Hülse angreifen, um
Kippmomente zu vermeiden. Ferner soll die hydraulische Eigenfrequenz des Steuersystems möglichst hoch sein. Das Kolben-
antriebssystem kann nach Bild 5/1 Anordnung a) aus zwei
gegenüberliegenden direkt an der Hülse angreifenden Plungerpaaren gebildet werden oder nach Anordnung b) aus einem
Plungerpaar, das seine Kräfte über ein Hebelsystem auf die
Hülse überträgt. Gegen die Anordnung a) spricht, daß zwischen
den beiden Plungerpaaren kein Gleichlauf gewährleistet ist
und insbesondere, daß durch die größeren eingeschlossenen
Ölmengen zwischen dem Servoventil und den Kolbenantrieben

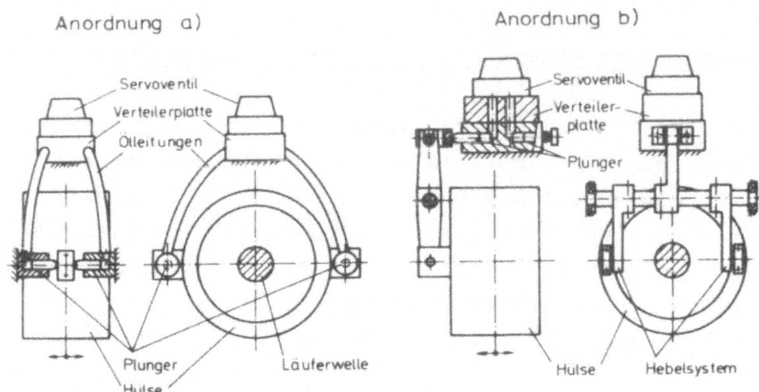

<u>**Bild 5/1:**</u> Verschiedene Anordnungen des Kolbenantriebs

die hydraulische Eigenfrequenz erheblich geringer ist.

Für die Federrate $c_{Öl}$ eines in einem Zylinder eingeschlossenen Ölvolumens $V_{Öl}$ - mit dem Kolbenquerschnitt S_K und der Kompressionszahl $\beta_{Öl}$ - gilt, wenn dieses als ideale Feder betrachtet wird:

$$c_{Öl} = \frac{S_K^2}{\beta_{Öl}\, V_{Öl}} \qquad (5-1)$$

Für die hydraulische Eigenfrequenz f_h eines Systems, bestehend aus mehreren Ölfedern und einer schwingenden Masse m, folgt daraus unter Vernachlässigung der Dämpfung und der mitschwingenden Ölmasse:

$$f_h = \frac{1}{2\,\pi} \sqrt{\frac{c_{Öl\ res}}{m}} \qquad (5-2)$$

Versuche und Messungen an ausgeführten Maschinen haben dabei gezeigt, daß die gemessenen Werte f_h mit den berechneten dann am besten übereinstimmen, wenn für $c_{Öl\ res}$ nur die halbe theoretische Federrate eingesetzt wird, siehe auch [44, S. 25 ff.].

Bei einer Kompressionszahl des Uconöles LB-1800-X, die nach den Herstellerangaben etwa in der Größenordnung der Mineralöle liegt ($\beta_{Öl} \approx 0,8 \cdot 10^{-5}$ cm^2/N), ergibt sich für die Anordnung a) bei einem Kolbendurchmesser $d_{K\ a} = 6,5$ mm eine Federrate je Ölleitung $c_{Öl\ a} = 78$ N/mm. Bei einer zu bewegenden Masse $m = 2,9$ kg wird die hydraulische Eigenfrequenz damit $f_{h\ a} = 37$ Hz. Durch die Kombination von Kolbenantrieb und Servoventil ergeben sich bei Anordnung b) wesentlich geringere Ölvolumen; die Federrate je Ölsäule zwischen Servoventil und Kolbenantrieb ist hier bei einem Kolbendurchmesser $d_{K\ b} = 9$ mm (damit beide Anordnungen insgesamt gleiche Kolbenquerschnitte haben) $c_{Öl\ b} = 1,32 \cdot 10^3$ N/mm. Bei einer Federrate des Hebelsystems von $c_H = 13,3 \cdot 10^3$ N/mm wird die aus beiden Federn resultierende Eigenfrequenz damit $f_{h\ b} = 97$ Hz, trotz der durch das Hebelsystem bedingten größeren Masse $m = 3,2$ kg. Diese erheblich höhere Eigenfrequenz der Anordnung b) und der Gleichlauf gaben den Ausschlag, dieses System für die Mitnehmerbewegung zu wählen, wie in Bild 3/1 bereits gezeigt wurde.

5.2. Ansteuerung des Kolbenantriebs

Die Wahl der Ansteuerung des Kolbenantriebs wird wesentlich
durch den Einsatzbereich des viskohydraulischen Antriebs bestimmt. Bei hohen Anforderungen, bezüglich der Dynamik und
Stabilität, wie z.B. bei Vorschubantrieben von numerisch
gesteuerten Werkzeugmaschinen, kommen hierfür insbesondere
zweistufige elektrohydraulische Servoventile in Betracht
[37, 41]. Bei geringeren Anforderungen ist auch die Verwendung einstufiger Servoventile oder einstufiger Drosseln-
Prallplatten-Abflußsteuersysteme nach [6] denkbar. Dabei
sind jedoch die bei einstufigen Systemen höheren elektrischen
Steuerleistungen zu berücksichtigen, da deren elektro-
magnetische Steuermotoren direkt den Steuerschieber bzw.
die Prallplatte betätigen.

Da es das Ziel war, einen viskohydraulischen Antrieb mit
möglichst gutem dynamischen Verhalten zu schaffen, wurde
der Versuchsantrieb mit einem zweistufigen Servoventil aus-
gerüstet und untersucht. Für die Ölversorgung dient - wie
Bild 3/20 zeigte - eine Zahnradpumpe. Der Systemdruck
wird an einem Druckbegrenzungsventil eingestellt, wodurch
für den Versuchsbetrieb auf einfache Weise Leistungs-
änderungen des Steuersystems ermöglicht werden.

Im folgenden werden die Daten der verschiedenen Steuersysteme bestimmt. Auf die Ausführung und Erprobung der
Drosseln-Prallplatten-Abflußsteuersysteme wurde jedoch aus
obengenannten Gründen verzichtet.

5.2.1. Ansteuerung durch ein zweistufiges Servoventil

Bild 4/8 zeigt die resultierenden Last-Ortskurven für die
sinusförmige Mitnehmerbewegung bei maximaler Auslenkamplitude $x_0 = 6$ mm und verschiedenen Frequenzen. Nach Kap. 4.1.

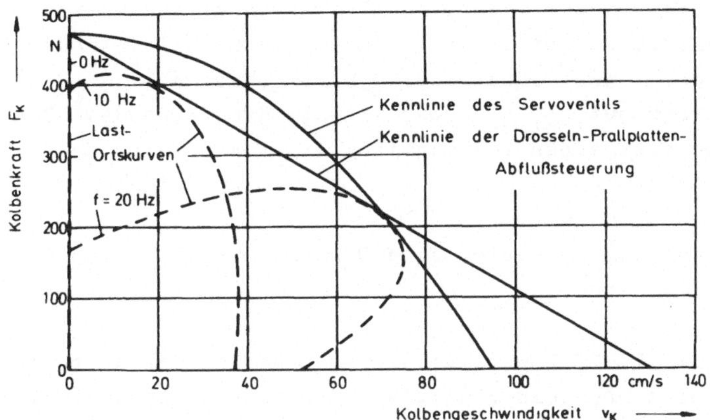

Bild 5/2: Anpassung der Steuerkennlinien an die Last-
Ortskurven

muß die parabelförmige Kennlinie des Servoventils (Bild 4/1)
bei voller Aussteuerung $i = i_{max}$ sämtliche Last-Ortskurven
umschließen; da die Kräfte des Steuersystems denen der Last
entgegenwirken, werden die Last-Ortskurven an der Ordinate
gespiegelt gezeichnet. **Bild 5/2** zeigt die Kennlinie eines
Servoventils, das diese Forderung gerade erfüllt. Sie hat
ihren Scheitel bei $F_{K\ max}$ = 472 N, berührt die Last-Ortskurve für f = 20 Hz und schneidet die Abszisse bei
$v_{K\ 1}$ = 95 cm/s. Aus diesen Daten und mit dem Kolbendurchmesser d_K = 9 mm (Kap. 5.1.) wird der erforderliche Druck
der Steuerkreispumpe $p_{St} = F_{K\ max}/S_K$ = 74,2 bar und der
Volumenstrom $\dot{V}_{St} = S_K\ v_{K\ 1}$ = 3,6 1/min. Daraus ergibt sich
nach Gl. (5-3) bei einem geschätzten Pumpenwirkungs-
grad η_P = 0,7:

$$P_{St} = \frac{\dot{V}_{St}\ p_{St}}{\eta_P} \qquad\qquad (5-3)$$

- ohne Berücksichtigung einer möglichen Speicherhydraulik -

eine konstante Antriebsleistung für die Steuerkreispumpe
P_{St} = 0,64 kW. Mit dieser Angabe lassen sich die verschiedenen Ansteuerungen des Kolbenantriebs auch leistungsmäßig
vergleichen. Aus Gründen der Dynamik (Kap. 6.2.1.) wurde der
Systemdruck auf p_{St} = 90 bar erhöht; die verwendete Zahnradpumpe gibt einen Volumenstrom $\dot{V}_{St}$ = 4,5 l/min ab.

5.2.2. Ansteuerung durch eine Drosseln-Prallplatten-Ab-
flußsteuerung

In [6, S. 114 ff.] war für die Ansteuerung des Kolbenantriebs eine Drosseln-Prallplatten-Abflußsteuerung vorgeschlagen worden, die durch zwei viskohydraulische Pumpen
mit Öl versorgt wird (Bild 5/3 Ausführung a). Die beiden
Plunger sind dabei als Kolben mit durchgehender Kolben-
stange gezeichnet. Die Ölversorgung kann bei gleichen Kennlinien auch durch eine Zahnradpumpe mit Druckbegrenzungsventil sowie zwei nachgeschalteten Drosseln (Kapillaren)

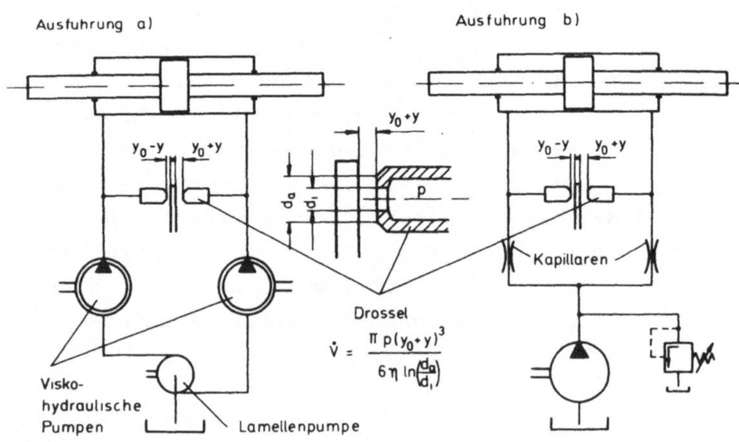

<u>Bild 5/3:</u> Drosseln-Prallplatten-Abflußsteuerung,
         Ausführung a) nach [6]

erfolgen (<u>Bild 5/3</u> Ausführung b). Bei letzterem System ist
es wieder - im Gegensatz zu den beiden viskohydraulischen
Pumpen - auf einfache Weise möglich, durch Druckver-
stellung die Leistung zu ändern.

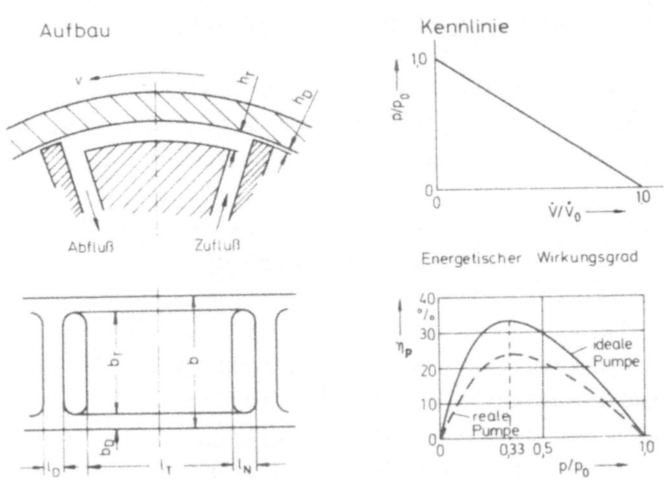

<u>Bild 5/4</u>: Viskohydraulische Pumpe, nach [6]

Die viskohydraulische Pumpe (<u>Bild 5/4</u>) nach [6, S. 100 ff.]
beruht - ähnlich wie die viskohydraulische Kupplung -
auf der Ausnützung der Ölviskosität. Die Pumpe besteht aus
einem rotierenden Ring und einem mit mehreren Drucktaschen
versehenen Pumpenkörper. Die Drucktaschen können auch in
den Außenring eingearbeitet sein, während der innere (glatte)
Pumpenkörper rotiert. Zwischen dem Volumenstrom $\dot{V}$ und dem
Pumpendruck p besteht ein linearer Zusammenhang. Der Volumenstrom je Drucktasche ist, rein newtonsches Ölverhalten
vorausgesetzt:

$$\frac{\dot{V}}{i} = \frac{b_T \, h_T \, v}{2} - p \left[b_T \frac{(h_T + h_D)^3}{12 \, \eta \, l_T} + \frac{b_T \, h_D^3}{12 \, \eta \, l_D} + \frac{l_T \, h_D^3}{12 \, \eta \, b_D} \right] \qquad (5-4)$$

Der Wirkungsgrad dieser Pumpen ist wegen der auf Reibung
beruhenden Förderung relativ niedrig. Für die ideale Pumpe
(ohne Dichtstege und ohne Leckölverluste) erhält man
bei $p/p_0 = 1/3$ ein absolutes Maximum des energetischen
Wirkungsgrades $\eta_P = 1/3$ (Bild 5/4). Für eine reale Pumpe
müssen davon mindestens 25 % abgezogen werden.

Da diese viskohydraulischen Pumpen nur bedingt selbstan-
saugend arbeiten, wurde in [6] für die Ölzufuhr eine La-
mellenpumpe vorgeschlagen (Bild 5/3 Ausführung a).

Erwähnt sei in diesem Zusammenhang eine technische Anwendung dieses Pumpenprinzips als Mikrodosierpumpe, die
in [45] beschrieben wird.

Das Lastdruck-Volumenstrom-Kennlinienfeld der Drosseln-Prallplatten-Abflußsteuerung mit der Ölversorgung durch zwei viskohydraulische Pumpen zeigt nach [6] <u>Bild 5/5</u>. Dasselbe Kennlinienfeld erhält man auch für die Ausführung b) in Bild 5/3.
Die Anpassung dieser Kennlinien an die Last-Ortskurven ist
in Bild 5/2 dargestellt. Die Lastdruck-Volumenstrom-Kenn-
linie für die maximale Prallplattenauslenkung $y/y_0 = 1,0$
schneidet die Ordinate in $F_{K\,max} = 472$ N, tangiert die Last-
Ortskurve für $f = 20$ Hz und schneidet die Abszisse in
$v_{K\,2} = 130$ cm/s. Daraus erhält man für den erforderlichen
Pumpendruck bei gesperrtem Abfluß $p_0 = F_{K\,max}/0,89\ S_K$
$= 83,4$ bar und einen Volumenstrom bei druckloser Förderung
$\dot{V}_0 = S_K\,v_{K\,2}/0,8 = 6,2$ 1/min. Eine differenzierte Untersuchung des Leistungsbedarfes ergab, daß die erforderliche
Antriebsleistung für die beiden viskohydraulischen Pumpen
in Abhängigkeit von der Prallplattenauslenkung y/y_0 und dem
Betriebspunkt zwischen 1,2 und 2,0 kW schwankt, während sie
für die Zahnradpumpe konstant etwa 1,8 kW beträgt. Gegenüber der Ansteuerung durch das zweistufige Servoventil wird
bei diesen einstufigen Systemen mehr als die doppelte
Leistung benötigt. Auch der konstruktive und fertigungs-
technische Aufwand spricht nicht gerade für deren Einsatz.

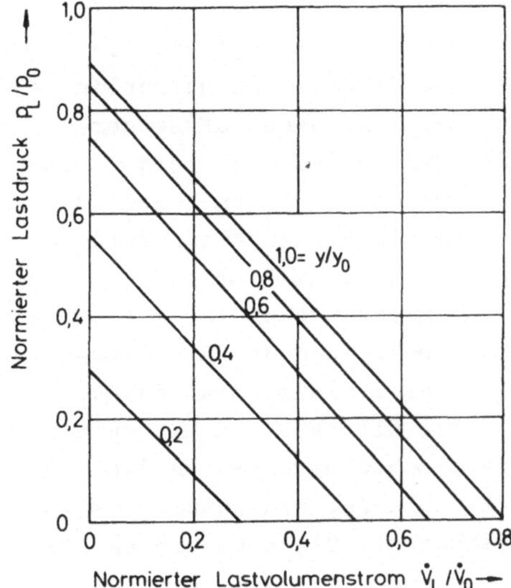

Bild 5/5:

Lastdruck-Volumenstrom-Kennlinien der Drosseln-Prallplatten-Abflußsteuerung, nach [6]

Ein weiteres Problem besteht in der Auslenkung der Prallplatte. Durch die großen Strömungskräfte auf die Prallplatte werden größere Steuermotoren benötigt als bei zweistufigen Servoventilen. Dadurch ist deren Dynamik schlechter und außerdem benötigen sie eine größere elektrische Steuerleistung. Überlegungen anstelle eines elektromagnetischen Steuermotors piezoelektrische oder magnetostriktive Auslenkmechanismen zu verwenden, scheitern an den zu geringen Kräften bzw. dem mangelnden Hub dieser Elemente [46...53]. Eine ähnliche Aussage wird auch in [43, 2. Bd. S. 204] gemacht. Ferner scheint es zweifelhaft, ob durch diese Verfahren billigere und dynamisch bessere Steuermotoren geschaffen werden können.

6. <u>Untersuchung des viskohydraulischen Versuchsantriebs</u>

Die folgenden Untersuchungen gelten der Ermittlung der
statischen und dynamischen Kennwerte des viskohydraulischen
Versuchsantriebs. Diese experimentelle Nachprüfung der
theoretischen Überlegungen soll vor allem auch zeigen, ob
die in den Kap. 3.5. und 4. vorgegebenen Daten erreicht
werden. Die Messungen wurden für die beiden Mitnehmerdrehzahlen (n_A) 590 und 1120 min^{-1} (Läufer im Leerlauf und Auslenkung x/x_0 = 1) durchgeführt. Hierzu waren nur die beiden
Keilriemenscheiben auf der Motorwelle und der Eingangswelle
zu wechseln. Bei höheren Mitnehmerdrehzahlen ist darauf zu
achten, daß beim Abschleudern des Öles aus den Mitnehmern,
durch die größeren Zentrifugalbeschleunigungen in den
Spalten zwischen Läufer und Mitnehmern, ein Unterdruck vermieden wird. Verringertes Drehmoment, Ölschaum und Kavitation
wären die Folgen. Durch einen genügend großen Volumenstrom $\dot{V}_K$ und entsprechend ausgebildete Mitnehmer-Abfluß-
bohrungen läßt sich dies jedoch verhindern.

Die Öltemperatur im Hydraulikbehälter wurde während den
Messungen möglichst konstant auf 40 $^{\circ}$C gehalten.

6.1. <u>Untersuchung des statischen Verhaltens</u>

6.1.1. <u>Drehmoment-Drehzahl-Kennlinien</u>

Die Drehmoment-Drehzahl-Kennlinien des viskohydraulischen
Antriebs wurden für die Mitnehmerauslenkungen x/x_0 = 0,2;
0,4; 0,6; 0,8 und 1,0 bestimmt. Hierfür waren folgende
Messungen erforderlich:

     Messung der Leerlaufdrehzahlen n_1;

     Messung der Stillstandsdrehmomente M_{St} und M_0;

     Messung der Drehmomente M und der Drehzahlen n_L
     bei verschiedenen Belastungen.

<u>Bild 6/1</u>:   Gesamtansicht des Versuchsstandes

Die Messungen der beiden erstgenannten Sonderfälle ließen
sich ohne größeren Aufwand durchführen. Die Leerlaufdrehzahlen wurden bei unbelastetem Antrieb mittels des auf der
Läuferwelle angebrachten Tachogenerators gemessen. Die Ermittlung der Stillstandsdrehmomente erfolgte mit Hilfe eines
ausbalancierten Hebels und einer Federwaage.

Für die Bestimmung der Zwischenwerte $M = f(n_L)$ mußte der
viskohydraulische Antrieb belastet und dabei gleichzeitig
Drehmoment und Drehzahl gemessen werden. Für diese Belastung
wurde ein Gleichstrom-Nebenschlußmotor als Generator an die
Läuferwelle gekuppelt ; der Wirkungsgrad der Gleitstein-
kupplung wird für die weiteren Betrachtungen vernachlässigt.
<u>Bild 6/1</u> zeigt diesen Versuchsaufbau; der automatisch ar-
beitende Frequenzgang-Meßplatz am linken Bildrand wurde für
die dynamischen Untersuchungen eingesetzt. Die Schaltung
zur Messung der Drehmoment-Drehzahl-Kennlinien zeigt
<u>Bild 6/2</u>. Während der Belastung des Generators und damit

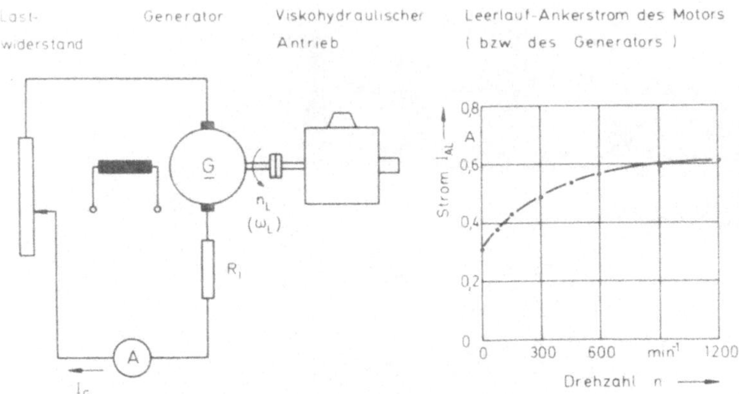

<u>Bild 6/2</u>: Schaltung zur Messung der Drehmoment-Drehzahl-
Kennlinien des viskohydraulischen Antriebs

des viskohydraulischen Antriebs wurden der Generatorstrom I_G
und die augenblickliche Läuferdrehzahl n_L gemessen. Der Last-
widerstand wurde dabei stufenweise bis auf Null verkleinert,
d.h. bei den jeweils linken Kurvenpunkten in den Bildern 6/3
und 6/4 ist der Anker kurzgeschlossen. Unter Berücksichtigung des Reibmomentes M_R des Generators (bzw. des Motors)
berechnet sich damit das vom viskohydraulischen Antrieb auf-
gebrachte Drehmoment zu:

$$M = C_G I_G + M_R$$

$$(6-1)$$

wobei $M_R = C_G I_{AL}$

ist (Bild 6/2). Die Motor- bzw. Generatorkonstante C_G läßt
sich bei unbelastetem, mit der Läuferwinkelgeschwindigkeit ω_L
angetriebenem Generator aus der induzierten Spannung U_e bestimmen [59, S. 92]:

$$C_G = \frac{U_e}{\omega_L}$$

$$(6-2)$$

Die Felderregung war während den Messungen konstant, und
zur Vermeidung von thermischen Einflüssen wurden die Messungen bei betriebswarmem Generator möglichst rasch durchgeführt.

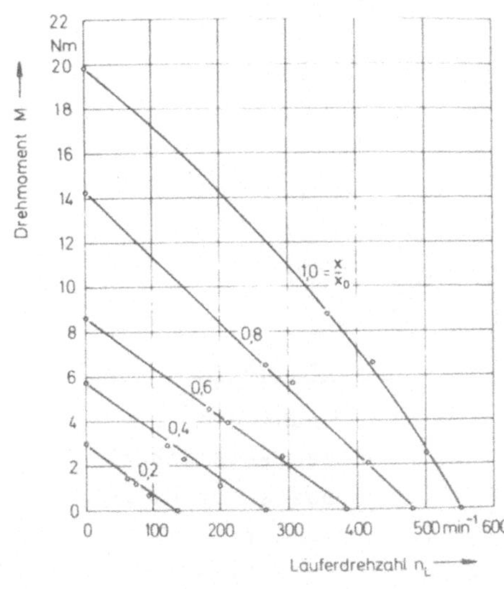

Bild 6/3:

Drehmoment-Dreh-
zahl-Kennlinien
bei einer Mitneh-
merdrehzahl
$n_A = 590\ \mathrm{min}^{-1}$

Die **Bilder 6/3 und 6/4** zeigen die gemessenen Drehmoment-
Drehzahl-Kennlinien des viskohydraulischen Kupplungsantriebs
für die Mitnehmerdrehzahlen 590 und 1120 min^{-1}. Insbesondere die Kennlinien für $n_A = 590\ \mathrm{min}^{-1}$ haben den er-
warteten Verlauf. Auffallend sind die nahezu linearen Kennlinien. Dies spricht für ein weitgehend newtonsches Verhalten des Öles (vgl. Bild 3/13); ferner weist es darauf
hin, daß in den Spalten des Kupplungsantriebs weder unvor-
hergesehene Temperaturanstiege noch Schaumbildung auftreten. Man erkennt auch die zunehmende Drehzahlsteifigkeit
mit größer werdender Auslenkung (vgl. Bild 2/9 Bauform g).
Bedingt durch die minimale Eintauchtiefe $b_{min} = 0{,}5$ mm des
austauchenden Mitnehmers (Kap. 3.1.) und die Reibung in
den Lagern erreicht die maximale Läuferdrehzahl n_0 nur etwa
94 % der Mitnehmerdrehzahl. Das maximale Stillstandsdreh-

moment M_0 = 20 Nm bei der Mitnehmerdrehzahl n_A = 590 min^{-1}
entspricht den Berechnungen (Kap. 3.5.). Der Abfall der
Mitnehmerdrehzahl betrug für die Auslenkungen $x/x_0 > 0,8$
bei den Messungen der Stillstandsdrehmomente nur etwa 2 %,
im Gegensatz zu den Messungen bei n_A = 1120 min^{-1}.

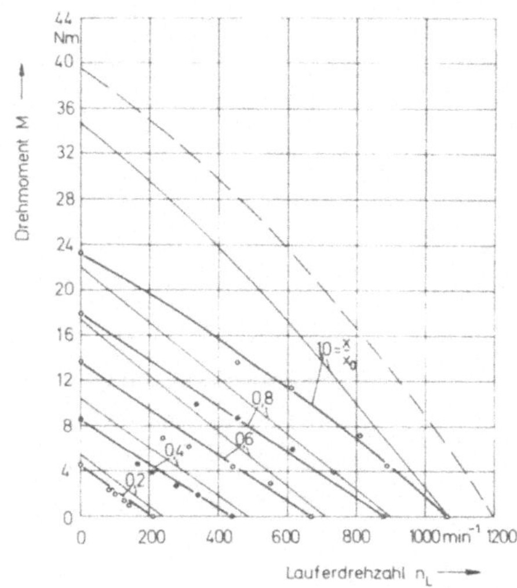

Bild 6/4:

Drehmoment-Drehzahl-Kennlinien bei einer Mitnehmerdrehzahl n_A = 1120 min^{-1}

Die bei der Mitnehmerdrehzahl n_A = 1120 min^{-1} gemessenen
(dickgezeichneten) Drehmoment-Drehzahl-Kennlinien in Bild 6/4
haben gegenüber den theoretischen Werten einen zu flachen
Verlauf. Die Hauptursache hierfür ist, wie **Bild 6/5** zeigt,
der starke Abfall der Mitnehmerdrehzahl, der vor allem durch
den Drehzahlabfall des Drehstromasynchronmotors und nur zu
einem geringen Teil vom Keilriemenantrieb verursacht wird.
Denn bei der Verdoppelung der Mitnehmerdrehzahl wird dem
Antriebsmotor die vierfache Leistung abverlangt. In Bild 6/4
sind deshalb auch die Kennlinien dünn eingezeichnet, die
sich bei konstanter (lastunabhängiger) Mitnehmerdrehzahl n_A = 1120 min^{-1} ergeben würden. Bei maximaler Mitnehmerauslenkung x/x_0 = 1,0 wird somit die maximale Läufer-

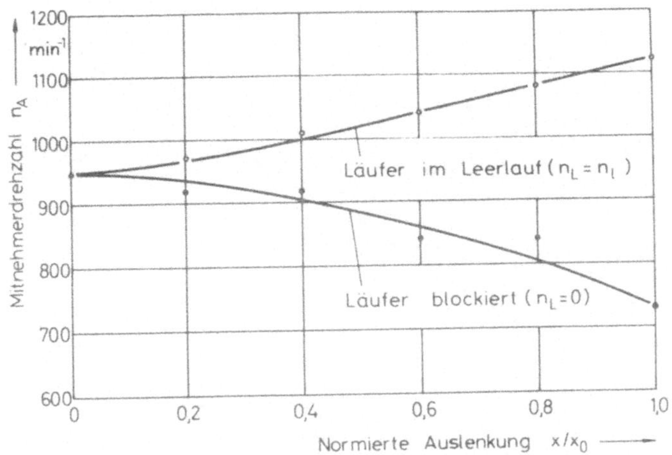

Bild 6/5: Mitnehmerdrehzahl über der Auslenkung beim Leerlauf und bei blockiertem Läufer
(für n_A = 1120 min^{-1})

drehzahl n_0 = 1050 min^{-1} und das Stillstandsdrehmoment
M_0 = 35 N m. Bei einer Läuferdrehzahl von n_0 = 1200 min^{-1}
wäre - wie die parallele (gestrichelte) Kennlinie zeigt -
das Stillstandsdrehmoment etwa 40 N m. Die Berechnungen
von Kap. 3.5. sind damit bestätigt.

6.1.2. Leerlaufdrehzahlen über der Mitnehmerauslenkung

Bild 6/6 zeigt den Verlauf der Leerlaufdrehzahlen des viskohydraulischen Kupplungsantriebs in Abhängigkeit von der Mitnehmerauslenkung für die beiden Mitnehmerdrehzahlen 590
und 1120 min^{-1}. Die Kennlinien verlaufen wegen der trapezförmigen Einstichgeometrie leicht degressiv, wie dies für
die Bauform g) bereits in Bild 2/9 abgeleitet wurde. Der
Drehzahlabfall für n_A = 1120 min^{-1} nach Bild 6/5 ist durch
die dünngezeichnete Kennlinie berücksichtigt. Die Auslenkung x wurde mit einem induktiven Wegaufnehmer

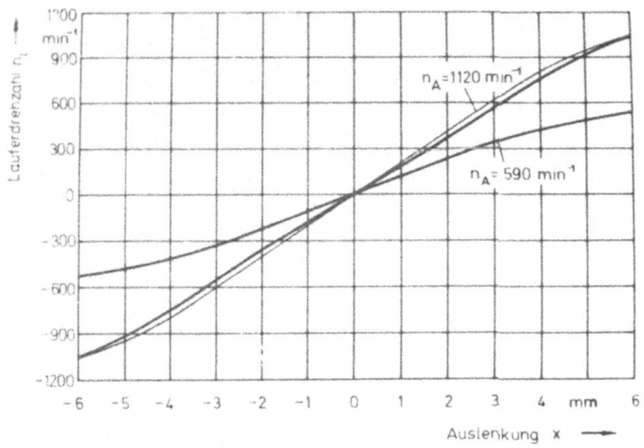

Bild 6/6: Leerlaufdrehzahl in Abhängigkeit von der Auslenkung bei verschiedenen Mitnehmerdrehzahlen

(Kap. 6.2.1.) am Kolbenantrieb gemessen und nicht direkt an
den Mitnehmern bzw. der Hülse; eine Lose in den Gelenken
der Lagerungen des Hebelsystems würde also miterfaßt und
aufgezeichnet. Eine Hysterese kann jedoch in Bild 6/6 nicht
festgestellt werden. Zur Bestimmung des durch Reibung ver-
ursachten Unempfindlichkeitsbereichs (Totzone) um den Nullpunkt wurde die Auflösung in **Bild 6/7** zehnfach vergrößert.
Bei der Mitnehmerdrehzahl n_A = 590 min^{-1} beträgt der Un-
empfindlichkeitsbereich etwa 1,5 % der maximalen Auslenkung,
bei n_A = 1120 min^{-1} dagegen nur etwa 0,5 %, da das Losbrechdreh-
moment von ungefähr 0,2 N m hier schon bei geringerer Auslenkung überwunden wird.

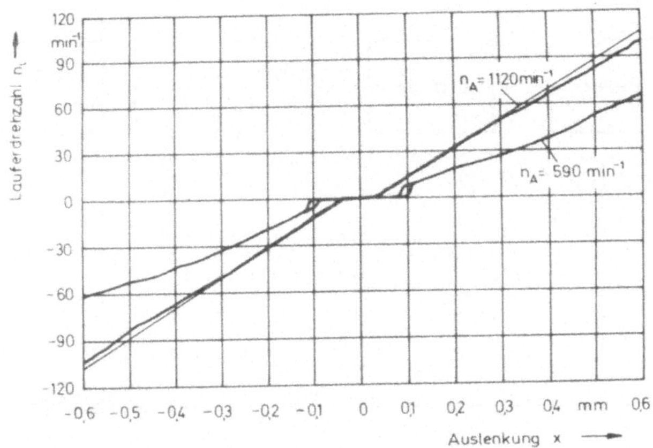

Bild 6/7: Leerlaufdrehzahl in Abhängigkeit von kleinen Auslenkungen bei verschiedenen Mitnehmerdrehzahlen

6.2. Untersuchung des dynamischen Verhaltens

6.2.1. Innerer Lageregelkreis

In Kap. 4. wurde bereits dargelegt, daß für eine dem elektrischen Strom proportionale Mitnehmerauslenkung ($x \sim i$)
eine Wegrückführung erforderlich ist. Für diese Wegrückführung wird vorteilhafterweise die längste Rückführungs-
schleife gewählt [42], bei der die Kolbenauslenkung elek-
trisch mittels eines induktiven Wegaufnehmers gemessen und
dieses Signal dem Lageregler zugeführt wird (Bild 6/8).
Dadurch sind alle eventuellen Nichtlinearitäten der einzelnen Elemente im Regelkreis eingeschlossen. Als Regler
wurde ein Proportionalregler (P-Regler) eingesetzt, da der
Regelkreis bereits durch den Kolbenantrieb ein Integral-
glied (I-Glied) enthält.

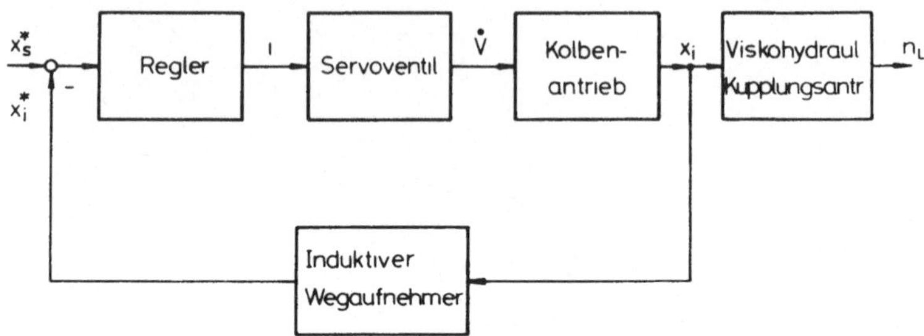

<u>Bild 6/8</u>: Signalflußplan des inneren Lageregelkreises

Für die Dynamik des viskohydraulischen Antriebs ist insbesondere das dynamische Verhalten dieses inneren Lageregelkreises ausschlaggebend. Die ersten Untersuchungen galten
daher diesem Regelkreis. Bei experimentellen Untersuchungen an Vorschubantrieben wird dabei üblicherweise die Amplitude des erregenden Signals derart gewählt, daß die Amplitude der Regelgröße (hier: die Auslenkung der Mitnehmer)
etwa ein Zehntel der Vollaussteuerung ist.

Das verwendete, serienmäßige Servoventil hat einen Nennvo-
lumenstrom von 9,5 l/min bei einem Ventildruckabfall von
70 bar sowie einen Nennstrom von 7,5 mA bei Serienschaltung
der beiden Steuerspulen. Den Frequenzgang dieses Ventils
bei ± 40 % Nennstrom, 210 bar Systemdruck und üblichen Hy-
draulikölen auf Petroleumbasis zeigen die Kurven 2b in
<u>Bild 6/9</u> nach [54]. Eine Verringerung des Systemdruckes,
z.B. auf 90 bar, bringt auch eine Verschlechterung des
Frequenzganges (Kurven 2a), ebenfalls nach [54]. Diese Zusammenhänge zwischen Frequenzgang und Systemdruck wurden
auch in [55] aufgezeigt. Das Servoventil verhält sich
näherungsweise wie ein Verzögerungsglied 2. Ordnung
(Schwingungsglied) mit einem Dämpfungsgrad D = 0,9. Für die
elektrische Ansteuerung des Servoventils wurde die strompro-

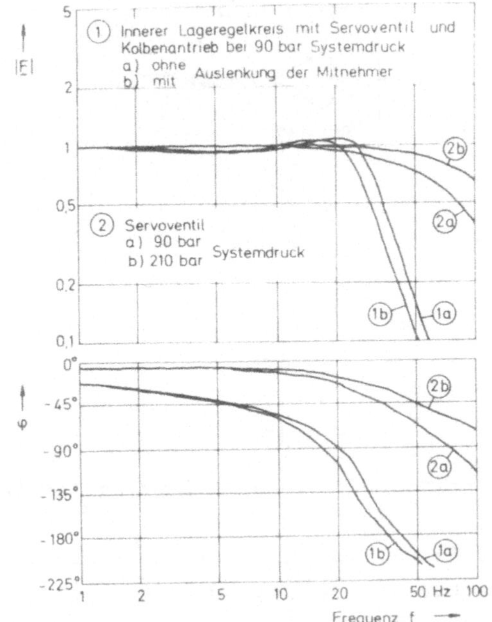

Bild 6/9:

Frequenzgänge
des inneren Lage-
regelkreises des
viskohydraulischen
Antriebs und des
Servoventils [54]

portionale Ansteuerung nach [56] gewählt. __Bild 6/10__ zeigt
wie dabei das Servoventil im Rückkoppelzweig des Operations-
verstärkers liegt. Der Widerstand R_k ist so dimensioniert,
daß der Nennstrom von 7,5 mA nicht überschritten wird. Man
erzielt durch diese elektrische Ansteuerungsart für das
Servoventil eine minimale elektrische Zeitkonstante (<0,5 ms)

Zur Ermittlung des Einflusses der Last (Hebelsystem, Hülse
und Mitnehmer) wurde zuerst das System Servoventil mit
Kolbenantrieb und innerem Lageregelkreis ohne angehängte
Last untersucht. Die Einstellung der Reglerparameter
(Bild 6/10) erfolgte mit Hilfe der Übergangsfunktionen, die
Kontrolle und gegebenenfalls die Korrektur mittels den
Frequenzgangmessungen $\underline{F} = \underline{x}_i/\underline{x}_s$ (Bild 6/9, Kurven 1a). Die
Reglerparameter R_{e1} und R_{e2} sind so gewählt, daß der Dämp-
fungsgrad bei einem Verzögerungsglied 2. Ordnung D = 0,5

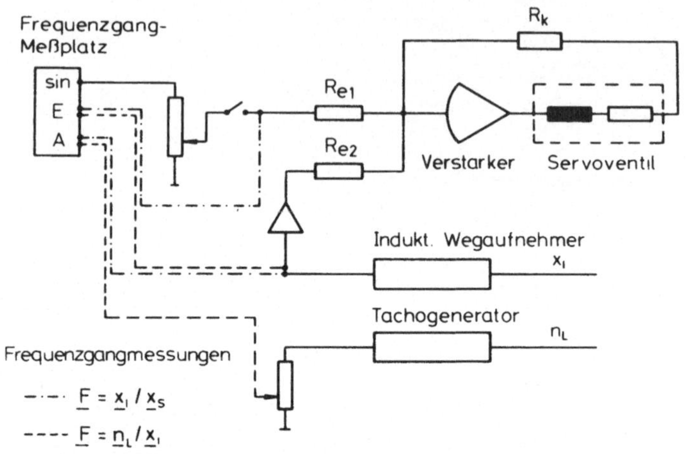

Bild 6/10: Elektrische Schaltung für inneren Lageregelkreis

wäre. Diese näherungsweise Betrachtung ist, wie der Frequenzgang zeigt, bis zu einer Frequenz von über 30 Hz möglich.
Die Kennfrequenz des Systems beträgt f_0 = 26 Hz und die Geschwindigkeitsverstärkung K_v = $\Delta v / \Delta x$ = 95 s^{-1}. Die relativ
große Phasennacheilung ist ein typisches Merkmal hydraulischer Antriebe [57, S. 132], die u.a. durch Totzeitverhalten und Hysterese in den Übertragungsgliedern verursacht
wird. Untersuchungen über den Einfluß eines zugeschalteten
Druckspeichers sowie der Ansteuerung des Servoventils durch
eine überlagerte Wechselspannung mit 50 und 400 Hz bei ± 10 %
Nennstrom brachten bei den Übergangsfunktionen und den Frequenzgängen keine meßbaren Veränderungen bzw. Verbesserungen.

Nach dem Anhängen der Last ergab sich durch die bei der
Mitnehmerbewegung auftretenden Massenträgheits-, Spaltreibungs- und Druckkräfte für den inneren Lageregelkreis
ein Frequenzgang nach Bild 6/9 Kurven 1b. Die Reglereinstellung mußte nur geringfügig geändert werden. Die Kennfrequenz ist nun f_0 = 21 Hz und die Geschwindigkeitsverstärkung K_v = 75 s^{-1} bei einem Dämpfungsgrad D = 0,5 (An-

näherung als Verzögerungsglied 2. Ordnung). Wie sich bei
diesem inneren Lageregelkreis die Geschwindigkeitsverstärkung (durch verschiedene Reglereinstellungen) bei dem
Systemdruck p_0 = 90 bar sowie der Systemdruck bei konstanter Reglereinstellung auswirkt, zeigen die Übergangsfunktionen in den Bildern 6/11 und 6/12. Die sprunghafte
Änderung der Führungsgröße durch Ein- und Ausschalten erfolgte jeweils zur Zeit t = 0. Die Führungsgröße ist der
Übersichtlichkeit halber nicht eingezeichnet. Bild 6/11
veranschaulicht dabei auch, daß es berechtigt ist, den
inneren Lageregelkreis näherungsweise als Verzögerungsglied
2. Ordnung zu betrachten. Bild 6/12 macht deutlich, wie
durch den höheren Systemdruck die Totzeit und die Anregel-
zeit [58, 59] verkürzt und damit die dynamischen Eigenschaften des inneren Lageregelkreises sowie des gesamten
viskohydraulischen Antriebs verbessert werden.

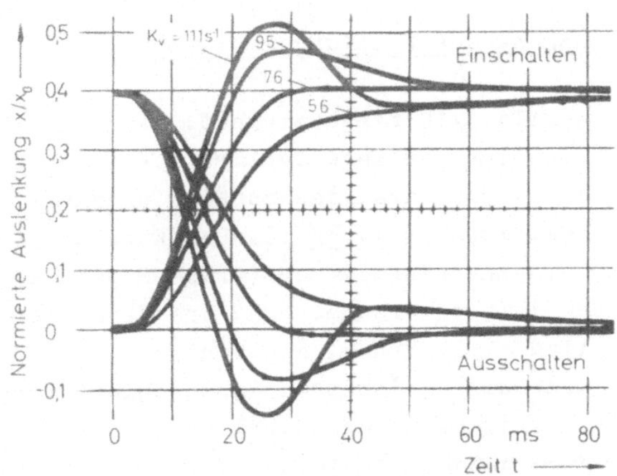

<u>Bild 6/11</u>: Übergangsfunktionen des inneren Lageregel-
kreises bei verschiedenen Geschwindigkeits-
verstärkungen

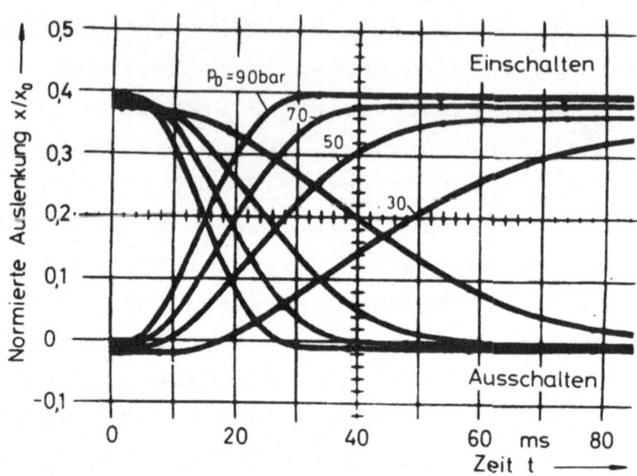

Bild 6/12: Übergangsfunktionen des inneren Lageregelkreises bei verschiedenen Systemdrücken

6.2.2. Frequenzgang des Kupplungsantriebs

Wie bereits in Bild 6/10 eingezeichnet, ist es mit Hilfe
der Schaltung des inneren Lageregelkreises möglich, den
Frequenzgang des viskohydraulischen Kupplungsantriebs
$\underline{F} = \underline{n}_L / \underline{x}_i$ zu bestimmen (**Bild 6/13**). Der Kupplungsantrieb
zeigt, da nur ein Energiespeicher (träge Masse des Läu-
fers) vorhanden ist, erwartungsgemäß das Verhalten eines
Verzögerungsglieds 1. Ordnung, ähnlich - wie in erster
Näherung - auch die Gleichstrom-Nebenschlußmotoren
[59, 60]. Die Kennfrequenz des Kupplungsantriebs ist bei
kleinen Aussteuerungen ($x/x_0 \approx 0,1$) für beide Mitnehmerdrehzahlen $f_{0\,K} = 19$ Hz. Die Phasennacheilung ist dabei,
insbesondere durch Totzeitverhalten und Hysterese, geringfügig größer als 45°. Denselben Wert für die Kennfrequenz
$f_{0\,K}$ erhält man auch nach Gl. (6-3):

$$f_{0\,K} = \frac{M_{St}}{2\,\pi\,J_L\,\omega_L} \tag{6-3}$$

Diese Gleichung ist aus der Formel für die mechanische Zeitkonstante von Verzögerungsgliedern 1. Ordnung abgeleitet.
Bei größeren Aussteuerungen steigt die Kennfrequenz $f_{0\,K}$ -
entsprechend den steiler werdenden Drehmoment-Drehzahl-
kennlinien (Bilder 6/3 und 6/4) - bis zu $f_{0\,K}$ = 32 Hz.

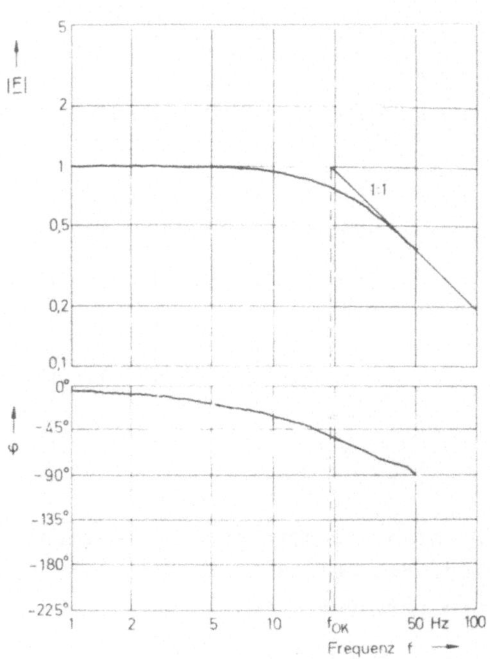

Bild 6/13:

Frequenzgang des
viskohydraulischen
Kupplungsantriebs
bei kleinen Aus-
steuerungen

6.2.3. Drehzahlregelung des Antriebs

In [59] wird gezeigt, daß eine Drehzahlregelung die Dynamik
von Gleichstrom-Nebenschlußmotoren durch die Reduzierung
der mechanischen Zeitkonstanten verbessert. Zudem bewirkt
ein PI-Regler im Drehzahlregelkreis u.a. eine Quasilinearisierung des Unempfindlichkeitsbereichs um den Nullpunkt.
Wie __Bild 6/14__ nach [59, 60] zeigt, wird durch eine Drehzahlregelung auch die Drehzahlsteifigkeit der Gleichstrommotoren verbessert bis zur maximalen Aussteuerung. Bei der
PI-Regelung erhält man theoretisch eine unendlich große
Drehzahlsteifigkeit.

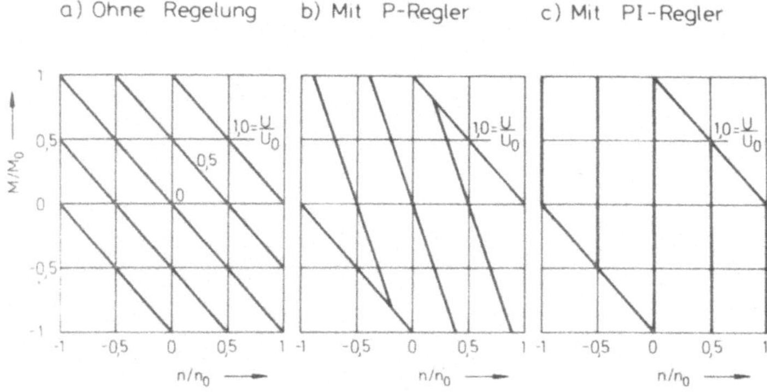

__Bild 6/14:__   Drehmoment-Drehzahl-Kennlinien eines Gleich-
strom-Nebenschlußmotors ohne und mit Drehzahlregelung, nach [59, 60]

Da der viskohydraulische Antrieb ähnliche Drehmoment-Drehzahl-Kennlinien hat wie die Gleichstrom-Nebenschlußmotoren,
lassen sich auch hier durch eine Drehzahlregelung oben be-
schriebene Verbesserungen erzielen. Das Blockschaltbild des
Drehzahlregelkreises mit innerem Lageregelkreis zeigt
__Bild 6/15__. Der Kolbenantrieb mit der angehängten Last ist

dabei durch die Serienschaltung eines Integralgliedes mit
einem Verzögerungsglied 1. Ordnung angenähert.

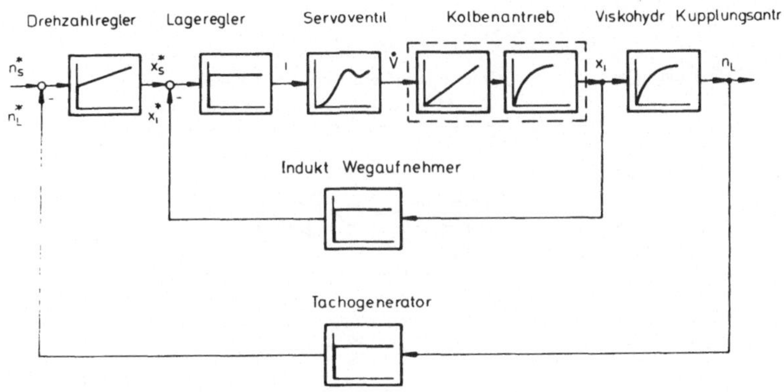

<u>Bild 6/15</u>:   Blockschaltbild des Drehzahlregelkreises
              mit innerem Lageregelkreis

Bei der Auslegung und der Optimierung von Drehzahlregel-
kreisen bei hydraulischen Antrieben ergeben sich oft Schwierigkeiten [61, 62], da mit der Verstärkung und der Nachstellzeit zwei Parameter eingestellt werden müssen. Dabei
zeigte es sich, daß das Regelverhalten wesentlich vom Ver-
hältnis Verstärkung zur Nachstellzeit bestimmt wird und
nicht so sehr von den absoluten Werten.

Zur Ermittlung der Reglerparameter wurde deshalb der viskohydraulische Antrieb mit dem inneren Lageregelkreis auf dem
Analogrechner nachgebildet (<u>Bild 6/16</u>). Der innere Lageregelkreis wurde dabei durch ein Verzögerungsglied 2. Ordnung
angenähert (vgl. Kap. 6.2.1. sowie Bild 6/9 Kurven 1b und
Bild 6/11). Mit dieser Simulationsschaltung war es möglich,
die Parameter des PI-Drehzahlreglers für die interessierenden Antriebsfälle, wie mit und ohne zusätzliches Massenträg-

heitsmoment sowie Antrieb durch verschiedene Mitnehmerdrehzahlen zu bestimmen. Bei der jeweils optimalen Reglereinstellung waren die einzelnen Frequenzgänge gleich.

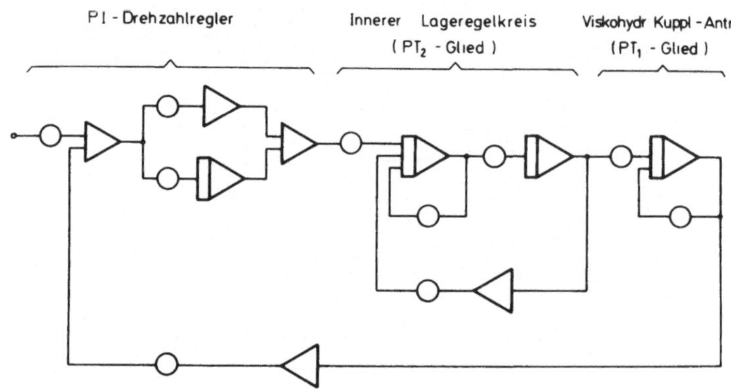

<u>Bild 6/16:</u> Analogrechenschaltung zur Ermittlung der
Parameter des Drehzahlreglers

Bei der Übertragung der von der Simulation her bekannten
Reglereinstellungen für die verschiedenen Antriebsfälle auf
den ausgeführten viskohydraulischen Versuchsantrieb mußten
diese nur noch geringfügig angepaßt zu werden, um auch hier
das günstigste Regelverhalten zu erzielen. <u>Bild 6/17</u> zeigt
die Frequenzgänge des drehzahlgeregelten Antriebs für die
beiden Mitnehmerdrehzahlen. Die in Kap. 4. angestrebte Kennfrequenz von 20 Hz wurde für die niedrigere Mitnehmerdrehzahl erreicht und für die höhere Drehzahl sogar noch etwas
übertroffen. Dieselben Frequenzgänge ergaben sich auch nach
dem Anbringen eines zusätzlichen Massenträgheitsmomentes von
der Größe des Läufers, wenn die Reglereinstellungen entsprechend korrigiert wurden. Da das dynamische Verhalten des gesamten Antriebs weitgehend vom inneren Lageregelkreis bestimmt
wird, müßte dessen Reaktionsschnelligkeit für einen noch dy-

namischeren viskohydraulischen Antrieb weiter verbessert werden. In Kap. 7. werden hierzu einige Vorschläge gemacht.

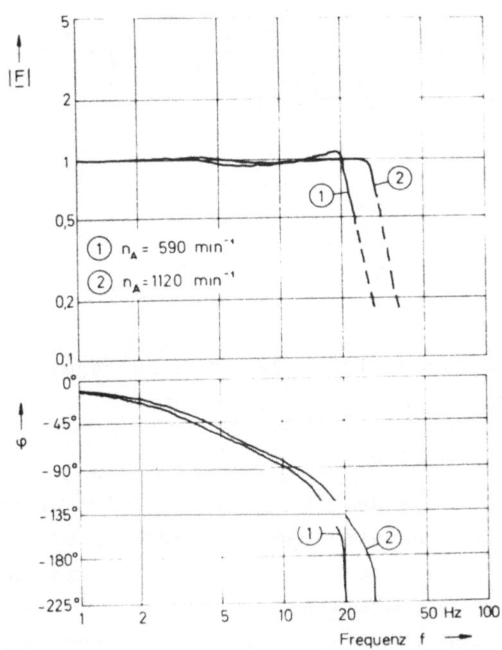

Bild 6/17: Frequenzgang des viskohydraulischen Antriebs
mit Drehzahlregelung bei verschiedenen Mitnehmerdrehzahlen

6.2.4. <u>Drehzahlregelung des Antriebs ohne inneren Lage-</u>
<u>regelkreis</u>

Den Abschluß dieses Kapitels bildet eine Untersuchung, den
viskohydraulischen Antrieb nur mit einer Drehzahlregelung,
also ohne inneren Lageregelkreis, zu betreiben (<u>Bild 6/18</u>).
Der Drehzahlregler wurde aus Stabilitätsgründen, da mit dem
Kolbenantrieb bereits ein I-Glied im Regelkreis ist, als

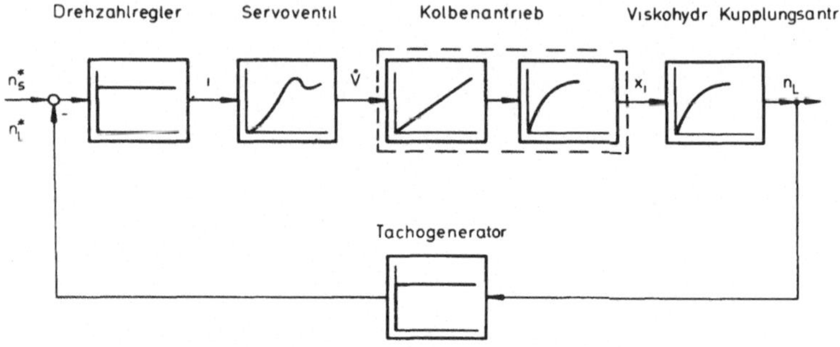

Bild 6/18: Blockschaltbild des Drehzahlregelkreises ohne inneren Lageregelkreis

P-Regler ausgeführt. Die Quasilinearisierung des Unempfindlichkeitsbereichs um den Nullpunkt entfällt dadurch, und der Antrieb kann bei der Aussteuerung Null driften. Die Untersuchung ergab ferner, daß bei der optimalen Reglereinstellung für die Aussteuerung $x/x_0 = 0,1$ bereits bei der Übergangsfunktion für $x/x_0 = 0,3$ ein Überschwingen von 100 % auftrat. Die Stabilität wurde gegenüber dem drehzahlgeregelten Antrieb mit innerer Lageregelung, wie erwartet, wesentlich schlechter. Man kann hierbei eine Parallelität zu den Lageregelkreisen bei bahngesteuerten Werkzeugmaschinen feststellen, bei denen durch den unterlagerten Geschwindigkeits- bzw. Drehzahlregelkreis u.a. die Kennfrequenz angehoben und somit das Regelverhalten verbessert wird [59].

7. Vorschläge für die industrielle Ausführung des visko- hydraulischen Vorschubantriebs

Im folgenden werden aufgrund der Untersuchungen Vorschläge
für die industrielle Ausführung des viskohydraulischen Antriebs gemacht. Dabei gilt das Augenmerk vor allem einem
kompakten und robusten Aufbau unter Berücksichtigung wirtschaftlicher Aspekte sowie der weiteren Verbesserung der
Dynamik.

Bild 7/1 zeigt einen Vorschlag für diesen Antrieb. Um die
gewünschte kompakte Bauweise zu erzielen, wird der Läufer
gegenüber den beiden axial feststehenden Mitnehmern verschoben. Die spielfreie Übertragung der Drehmomente vom
Läufer auf die Läuferwelle ist auch hier durch die vorge-
spannten Kugelführungen gewährleistet. Der Antrieb der beiden Mitnehmer kann, wie gezeichnet, durch ein Kegelradge-
triebe oder – wie beim Versuchsantrieb – durch ein
Stirnradgetriebe erfolgen.

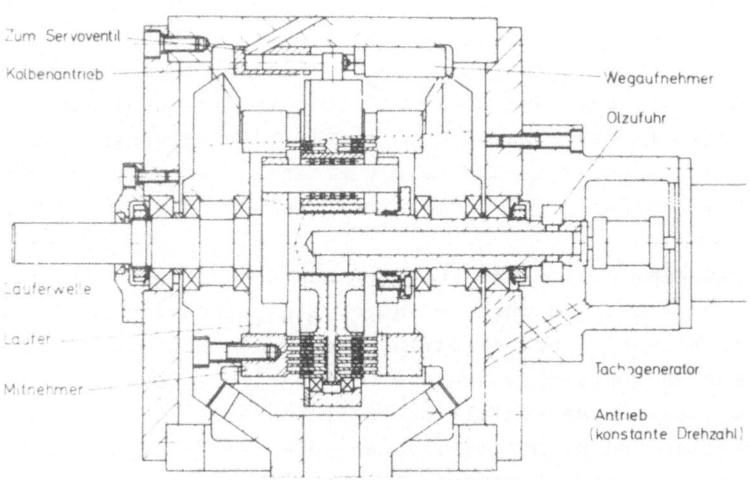

Bild 7/1: Viskohydraulischer Antrieb

In Kap. 6.wurde gezeigt, daß die Dynamik des viskohydraulischen Antriebs wesentlich von dem dynamischen Verhalten
des inneren Lageregelkreises abhängig ist. Durch die Auslenkung des Läufers werden die axialbewegten Massen und damit auch die Massenträgheitskräfte (Bild 4/7) gegenüber dem
Versuchsantrieb auf die Hälfte reduziert. Damit scheint es
auch möglich, den Kolbenantrieb direkt an der Hülse des
Läufers angreifen zu lassen, zumal bei der elektrischen Wegrückführung (siehe unten) keine Federkräfte wie bei der
manometrischen Wegrückführung zu überwinden sind. Zur weiteren Verbesserung des dynamischen Verhaltens ist nach
Bild 6/12 und [54] eine Erhöhung des Steuerdruckes p_{St}
empfehlenswert. Zusätzlich wäre zu prüfen, ob durch den
Einsatz von Servoventilen der high response Ausführung [54]
und eines speziellen Servo-Kolbenantriebs – anstatt der
beim Versuchsantrieb verwendeten Pumpenelemente von Diesel-
motor-Einspritzpumpen – eine zusätzliche dynamische Verbesserung erzielt werden kann.

Bei der hier vorgeschlagenen Konzeption, den Läufer zu be-
wegen, erhöht sich allerdings das Massenträgheitsmoment des
Antriebs von J_L = 17,3 kg cm^2 (Kap. 3.5.) durch die Umbau-
teile, wie Kugelführungen, zweiter Flansch, zwei Kugellager
(Breite 1/4") usw. auf 28 kg cm^2. Die Kennfrequenz des
Kupplungsantriebs wird dadurch auf 12,5 Hz herabgesetzt.
Das Massenträgheitsmoment vergleichbarer Langsamläufer-
Gleichstrommotoren ist jedoch immer noch 3- bis 5mal größer.

Überlegungen, die elektrische Wegrückführung durch eine manometrische Wegrückführung – durch Einspannen des Läufers
mittels Federn – zu ersetzen, machen den Einsatz eines
sogenannten Druck-Servoventils erforderlich (Kennlinie
Bild 4/1 b). Diese Ventile haben jedoch erhebliche Unge-
nauigkeiten und Nichtlinearitäten, wie Hysterese < 3 %,
Linearität < 15 %, Symmetrie < 10 % und Nullverschie-
bung < 5 % [54]. Zudem sind sie etwa doppelt so teuer wie
die Durchfluß-Servoventile. Für den industriellen Antrieb

wird deshalb die elektrische Wegrückführung in Verbindung
mit einem Durchfluß-Servoventil vorgeschlagen. Bei dieser
Wegrückführung ist ferner die längste Rückführschleife ge-
geben, so daß alle Nichtlinearitäten im Regelkreis eingeschlossen sind. Die Wegmessung kann - wie beim Versuchsantrieb - mittels eines induktiven Wegaufnehmers und eines
Meßverstärkers erfolgen. Hierfür gibt es verschiedene industrielle Ausführungen. Linearpotentiometer scheiden wegen
des Verschleißes und den damit begrenzten Hubzahlen als
Weggeber aus. Die Wegmessung mit Feldplatten (magnetisch
steuerbare Halbleiterwiderstände) ist aus Gründen der Linearität auf wenige Millimeter Weglänge begrenzt und scheidet daher ebenfalls aus.

Das Hydraulikaggregat kann für den industriellen Antrieb
gegenüber dem des Versuchsantriebs (Bild 3/20) erheblich
vereinfacht und auf den speziellen Anwendungsfall zuge-
schnitten werden, denn die für die Erprobung notwendige
Vielseitigkeit wird hier nicht benötigt. Es wäre ferner
zu prüfen, wie der Kupplungs- und der Kühlkreis vereinigt
werden können.

8. <u>Zusammenfassung</u>

In der vorliegenden Arbeit wurde ein neuartiger viskohydraulischer Vorschubantrieb entwickelt und erprobt, der auf den
grundlegenden Untersuchungen von ARAFA aufbaut.

Zunächst wurden die Grundlagen für diesen viskohydraulischen
Kupplungsantrieb erläutert sowie die Leistungs- und Wärmestrombilanz diskutiert, um insbesondere den Wärmestrom bei
der Auslenkung $x/x_0 = 0$ zu reduzieren. Hierzu wurde mit den
trapezförmigen Einstichen eine konstruktive Lösung erarbeitet.
Auch die Wahl des Werkstoffes für den Läufer und die beiden
Mitnehmer sowie deren wirtschaftliche Fertigung wurde ein-
gehend erörtert und Lösungsvorschläge herausgestellt. Ein
weiterer Punkt der Untersuchungen galt der Wahl eines sowohl
für die Drehmomentübertragung in den beiden viskohydraulischen Kupplungen als auch für das Steuersystem und die
Getriebeschmierung geeigneten Öles.

Im zweiten Teil der Arbeit wurden die Kenndaten des viskohydraulischen Antriebs festgelegt und die Dimensionierung
des Antriebs sowie der hydraulischen Versorgung vorgenommen.
Mit Hilfe der Last-Ortskurven war es dann möglich, die Daten
für die Auslegung des Steuersystems zur Auslenkung der beiden Mitnehmer zu gewinnen und dieses zu dimensionieren.

Die Erprobung des ausgeführten Versuchsantriebs galt der
Ermittlung der statischen und dynamischen Eigenschaften
dieses neuartigen Antriebs. Dabei konnte gezeigt werden,
daß die theoretisch ermittelten Werte auch im Versuch erreicht wurden. Auf der Basis der viskohydraulischen Drehmomentübertragung ist es also möglich, einen stetigen Antrieb zu bauen, dessen Eigenschaften denen der bekannten
Vorschubantriebe vergleichbar sind oder sie in einigen
Punkten übertreffen, wie z.B. geringes Massenträgheitsmoment,
Beherrschung des Wärmestromes, Dauerbetrieb im nahezu gesamten Drehmoment-Drehzahl-Kennlinienfeld oder geringer Auf-

wand für die Ansteuerung.

Im abschließenden Kapitel wurden aufbauend auf den Unter-
suchungsergebnissen Vorschläge für die kompakte und ro-
buste Ausführung eines industriellen viskohydraulischen
Antriebs gemacht.

Berichte aus dem Institut für Steuerungstechnik der Werkzeugmaschinen und Fertigungseinrichtungen der Universität Stuttgart

---

Herausgegeben von Prof. Dr.-Ing. G. Stute

ISW 1   **Numerische Bahnsteuerung**
Beitrag zur Informationsverarbeitung und
Lageregelung.

Von Dr.-Ing. **Dietmar Schmid**,
1972, 89 S. mit 44 Bildern

ISBN 3-540-05834-6, ISBN 0-387-05834-6
Kart. DM 24,–

ISW 2   **Fräsbearbeitung gekrümmter Flächen**
Flächenbeschreibung, Programmierung und
Fertigung

Von Dr.-Ing. **Horst Schwegler**,
1972, 111 S. mit 36 Bildern

ISBN 3-540-05835-4, ISBN 0-387-05835-4
Kart. DM 24,–

ISW 3   **Numerisch gesteuerte Mehrachsenfräsmaschinen**
Fräsbahnabweichungen aufgrund der Kinematik
und Interpolation.

Von Dr.-Ing. **Jörg Eisinger**,
1972, 90 S. mit 45 Bildern

ISBN 3-540-05836-2, ISBN 0-387-05836-2
Kart. DM 24,–

ISW 4   **Rechnersteuerung von Fertigungseinrichtungen**
Beitrag zur Automatisierung der Fertigung
durch den Einsatz von Digitalrechnern.

Von Dr.-Ing. **Rainer Nann**,
1972, 125 S. mit 45 Bildern

ISBN 3-540-05911-3, ISBN 0-387-05911-3
Kart. DM 36,–

ISW 5   **Zweiachsige Nachformeinrichtungen**
Untersuchung der Lageregelung bei
einem stetigen System.

Von Dr.-Ing. **Gerhard Augsten**,
1972, 140 S. mit 71 Bildern

ISBN 3-540-05912-1, ISBN 0-387-05912-1
Kart. DM 36,–

ISW 6   **Die Automatisierung der Fertigungsvorbereitung
durch NC-Programmierung**

Von Dr.-Ing. **Bernhard Karl**,
1972, 121 S. mit 44 Bildern

ISBN 3-540-05913-X, ISBN 0-387-05913-X
Kart. DM 30,–

ISW 7   **NC-Programmiersystem**
Beitrag zur numerischen Verarbeitung eines
geometrischen Werkstückbeschreibungssystems

Von Dr.-Ing. **Helmut Eitel**,
1973, 117 S. mit 49 Bildern

ISBN 3-540-05914-8, ISBN 0-387-05914-8
Kart. DM 30,–

ISW 8   **Numerische Bahnsteuerung zur Erzeugung von
                   Raumkurven auf rotationssymmetrischen Körpern**

                   Von Dr.-Ing. **Eckhard Knorr**,
                   1973, 130 S. mit 57 Bildern

                   ISBN 3-540-06464-8, ISBN 0-387-06464-8
                                             Kart. DM 36,–

ISW 9   **Viskohydraulischer Vorschubantrieb**
                   Entwicklung und Erprobung

                   Von Dr.-Ing. **Siegfried Bumiller**
                   1974, 123 S. mit 66 Bildern

                   ISBN 3-540-06885-6, ISBN 0-387-06885-6
                                             Kart. DM 36,–

ISW 10   **Grenzregelung an Werkzeugmaschinen**
                   Beitrag zur Auslegung und Bewertung von
                   ACC-Systemen

                   Von Dr.-Ing. **Klaus Maier**
                   1974, 140 S. mit 68 Bildern

                   ISBN 3-540-06886-4, ISBN 0-387-06886-4
                                             Kart. DM 40,–

In Vorbereitung: **Beitrag zur rechnerunterstützten Auswahl
                   von Fräswerkzeugen**

                   Von ir. **Joos Waelkens**,
                   1974, 157 S. mit 79 Bildern

Springer-Verlag
Berlin · Heidelberg · New York